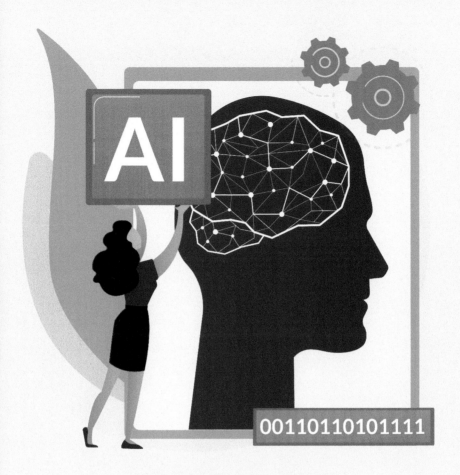

재미있게 풀어보는

# 인공지능

김문현 지음

21세기사

최근에는 인공지능이란 말이 포함되지 않으면, 마치 최신 기술이 아닌 것처럼 생각될 정도로 모든 소프트웨어분야에 인공지능이 사용되고 있습니다. 인공지능의 원리를 이해하면 일상생활의 문제나, 전문적인 알고리즘 문제를 새로운 방향으로 생각해 볼 수 있습니다. 다양한 방식과 급속도로 진화하는 인공지능 알고리즘도 기초지식을 확고히 하면 쉽게 이해할 수 있습니다. 이를 위한 디딤돌로서의 인공지능 입문서가 중요합니다.

이 책에서는 대학교에서 30여년간 인공지능을 강의하고 연구한 경험을 바탕으로, 기본적인 인공지능 이론과 최신의 딥러닝, 기계학습기술의 이해에 꼭 필요한 핵심내용을 소개하였습니다.

특히 컴퓨터 관련 지식이 없고, 인공지능과 관련된 논리, 확률, 대수등의 수학적 배경이 아직 없는 사람들, 어린 학생들도 쉽게 이해할 수 있게 쓰려고 노력하였습니다.

각 장별로 흥미로운 예제들을 제시하고 풀이 과정을 자세히 설명하여, 재미있게 읽으면서 자연스럽게 개념을 이해할 수 있도록 구성하였습니다. 영상인식시스템, 데이터 분류 알고리즘, 진단시스템등의 대표적인 지능형 시스템들을 소개하고, 인공지능 알고리즘으로 해결하는 과정을 설명하였습니다. 알고리즘의 설계, 훈련데이터를 이용한 학습, 테스트 데이터에 의한 검증등 인공지능시스템을 개발하는 실제 절차를 따라 설명하여, 인공지능의 응용 능력도 배양할 수 있도록 하였습니다.

코딩에 흥미있는 독자들을 위해, 각 장에는 소개된 알고리즘을 코딩하는 문제들을 포함하였습니다.

책의 내용에서 궁금한 점은 저의 블로그(네이버. '인공지능 이야기, 김교수')를 통해 질문하시면 성실히 답하겠습니다.

여러분들을 흥미로운 인공지능 세계로 초대합니다.

2020. 12. 24
김문현

# | 차례 |

머리말      3

**CHAPTER 1**    **인공지능의 줄거리**    9

가나다라    11

세포, 세포    14

내가 사람이라니까    18

**CHAPTER 2**    **비밀번호**    21

인공지능의 문제들    23

알고리즘    28

코딩    43

**CHAPTER 3**    **흠, 이게 먼저군**    45

얼마나 가까울까?    48

희망적인 계산(뛰어넘어도 좋아요)    53

다시 선교사와 식인종    54

코딩    56

**CHAPTER 4**   **인간과 대결**   57

게임프로그램   59

끝말잇기 챔피언   60

오목   62

승리 가능성   62

경험적 함수 만들기   64

최소 최대 탐색 알고리즘   65

코딩   69

**CHAPTER 5**   **코로나에 걸렸나요?**   71

참말과 거짓말   74

명제   74

아기 상어와 뽀로로   74

코로나 진단 시스템   87

코딩   94

**CHAPTER 6**   **좀비와 의료진**   95

확률   98

좀비를 만날 확률   98

좀비의 냄새   101

의료진의 냄새   103

좀비, 의료진?   104

기상 데이터   107

스팸 필터링   109

코딩   112

**CHAPTER 7**  **페가시 행성으로 부터의 메시지**  117

입력 벡터 만들기  119

세 글자 인식 신경망  131

엔드좀(Endzom) 사의 출입문  137

칵테일 파티  151

심층 신경망  152

코딩  155

**CHAPTER 8**  **산 내려가기**  157

기울기  159

경사 하강 알고리즘  161

기계학습  162

자동차는 무슨 종류인가요?  163

넓적 사슴벌레와 왕 사슴벌레  165

제곱 오차(뛰어 넘어도 좋아요)  186

코딩  188

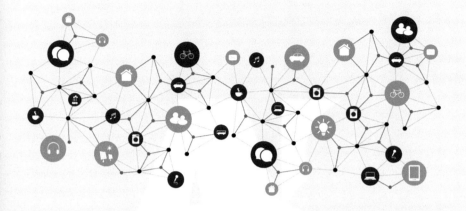

Artificial Intelligence

# CHAPTER 1

# 인공지능의 줄거리

Artificial Intelligence

가나다라
세포, 세포
내가 사람이라니까

인공지능 기술의 발달은 컴퓨터의 발전과 함께 합니다. 1950년대 초에 최초의 컴퓨터가 개발되었지요. 그 당시에는 컴퓨터(computer)라는 말의 뜻 그대로, 계산하는 것이 중요한 역할이었지요. 컴퓨터는 복잡한 수식을 인간보다 빨리, 그리고 정확하게 계산할 목적으로 개발되기 시작했습니다. 하지만 이때에서부터 인공지능 연구는 이미 시작되었습니다. 연구자들은 2그룹으로 나뉘어졌지요.

연결주의 　　　　　　　　　　　　　　 기호주의

## 가나다라

첫째 그룹은 **기호주의(symbolism)**로 불려집니다. 이들은 인간의 지식은 모두 기호로 이루어진다고 믿었지요. 어찌보면 이들의 생각이 옳을 수도 있지요? 서점의 책에 기록된 내용은 모두 문자나 기호들로 쓰여져 있고, 우리가 일상에서 하는 대화도 주어, 술어등 문법의 기호 체계를 따르지요. 초창기 인공지능의 연구는 대부분 이들 그룹이 주도를 하였으며, 지식을 기호로 변환하여 저장하고, 저장된 지식을 이용해 문제를 풀려고 하였습니다.

이들 그룹의 대표적인 성과물이 **지식기반의 시스템(knowledge based system)** 이라는 프로그램입니다. 특수한 병을 진단하는 시스템도 개발되었습니다. 지식 기반의 시스템의 중요한 구성 요소는 **지식베이스(knowledge base)** 와 **추론 엔진(inference engine)** 입니다. 병의 증상, 인간의 신체 구조등 병과 관련된 모든 의학적 지식을 메모리에 저장하였습니다. 이렇게 지식이 저장된 메모리를 지식베이스라고 해요.

지식베이스를 만든 후, 진단하고자하는 환자의 의료 데이터를 프로그램에 입력합니다. 이제서부터는 추론 엔진 알고리즘의 몫입니다. 우선 시스템의 지식베이스로부터 필요한 지식을 찾아 냅니다. 이 지식들에 유도 규칙을 적용하여 스스로 새로운 지식을 만들어 지식베이스에 추가합니다. 수학문제를 푸는 것과 같답니다. 문제를 푸는 과정에서 중간에 유도된 식들을 답안지에 기록하는 것 처럼 말이죠. 이 과정을 반복하여, 마지막으로 현재 환자의 질병이 무엇인지 답을 구하게 되지요.

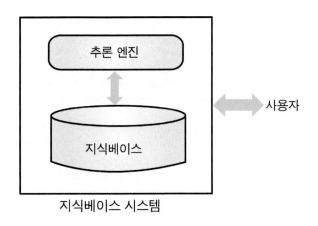

지식베이스 시스템

아직 잘 이해가 안된다고요? 걱정 마세요. 이 책의 5장에서 쉬운 예제들이 많이 소개되니까요.

이 그룹의 연구자들은

- 인간의 지식을 어떤 형식으로 표현하여 메모리에 저장할 것인가라는 **지식의 표현(knowledge representation)**기법

- 엄청난 양의 지식이 저장된 지식베이스에서, 주어진 질문에 관련된 지식만 빨리 찾아내어 답을 구하는 **추론 알고리즘(inference algorithm)** 개발

에 집중하였지요.

인공지능의 초기시대에는 수학에서 오랜 기간동안 연구되어 잘 정리된 논리학을 지식의 표현과 추론에 이용하는 연구들이 활발했답니다. 연구 결과로서 많은 알고리즘들이 개발되어 현재까지 사용되고 있지요.

최근에는 의료, 제조, 교육, 언론, 국방등 모든 분야에서 컴퓨터 소프트웨어 기술이 사용되고 있지요. 특히 여기저기에 흩어져 있는 컴퓨터와 스마트폰들로부터, 인터넷을 통해 어마어마하게 많은 데이터가 수집되어 쌓여갑니다. 따라서 요즈음을 **빅데이터(big data)**시대라고 하지요.

이렇게 쌓여진 빅데이터로부터 필요한 정보를 뽑아내어 지식화하고 활용하는 시스템들도 연구되고 있지요. 예를 들어 장난감 가게의 손님들의 데이터를 조사했더니, '구급차 장난감을 사는 손님은 의사 놀이 세트도 같이 사는 경우가 많다'라는 정보를 구할 수 있지요. 그러면 구급차 장난감과 의사 놀이 세트를 같은 진열대에 전시해서 더 많이 상품을 팔 수도 있겠지요?

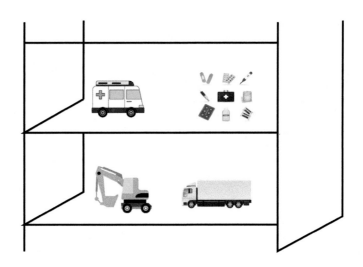

이와 같이 빅데이터분야에서는 '어떤 경우가 얼마나 자주 발생하지? 혹은 2시와 4시 사이에 오는 손님은 평균적으로 몇 명이지?'와 같은 통계적인 지식을 많이 사용하지요. 빅데이터와 관련된 분야에서는 수학의 확률을 사용한 추론 알고리즘도 많이 개발되고 있습니다.

이 책에서는 5장과 6장에서 기호주의의 주제들을 소개합니다.

## 세포, 세포

두번째 그룹은 **연결주의(connectionism)**로 불립니다. 이들은 인간의 지능은 신경계에 저장된다고 생각합니다. 인공지능 연구의 초기에 이들은 인간의 신경 구조와 동작원리를 생물학적인 연구를 통해 밝혀냈습니다. 흥미로운 사실은 **신경 세포(neuron)**들끼리는 **시냅스(synapse)**를 통해 서로 연결되어 있고, 세포들끼리 서로 신호를 주고 받고 한다는 점이지요.

한 개의 신경세포는 연결된 다른 세포로 신호를 전달합니다. 또 한 개의 세포 A는 연결된 많은 세포로부터 동시에 신호를 전달받지요. 세포 A는 전달

받은 신호를 모두 합하여, 어느 크기 이상이 되면 자신도 반응하여 신호를 만듭니다. 이렇게 만들어진 신호는 시냅스를 통해 연결된 세포 B로 전달되지요. 그러나 합해진 신호가 너무 작으면, 세포 A는 아무런 신호를 만들지 않고 조용합니다. 따라서 세포 B로는 아무런 신호도 전달되지 않아요. 참 단순한 작용입니다. 인간의 뇌는 이런 많은 단순한 세포들이 서로 연결되어 있습니다.

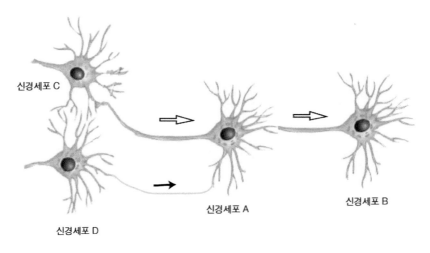

사람의 신경계

인공지능 학자들은 '신경세포는 이렇게 단순한 작용을 하는데, 그러면 인간의 지식은 과연 어디에 저장될 까?'라는 의문을 갖게 되었지요. 실험 결과, 세포와 세포를 연결하는 부분에 있는 시냅스는 각각 신호를 전달하는 성질이 다르다는 것을 발견했어요. 즉 어떤 시냅스는 신호를 원래 크기대로 잘 전달하고, 어떤 시냅스는 신호를 작게 줄여서 희미해진 신호를 전달하지요.

이렇게 시냅스가 신호를 얼마나 잘 전달하느냐를 **전달 효율(transmission efficiency)**이라고 해요. 그림에서 세포 C에 연결된 시냅스는 신호를 잘 전달하여 전달 효율이 높군요. 반대로 세포 D에 연결된 시냅스는 신호를 잘 못 전달하여 전달 효율이 낮습니다.

이렇게 되면 결국, 세포 A는 연결된 세포들 중에서 세포 C의 신호는 잘 듣게 되고, 세포 D의 신호를 잘 못 듣게 되겠죠? 따라서 세포 C와 세포 D의 신호를 더하더라도 세포 D의 신호는 아주 작은 값으로 더해진답니다. 신경세포 A는 세포 D보다는 세포 C가 전달하는 신호를 더 믿게 되는 셈이군요. 흥미롭지 않나요?

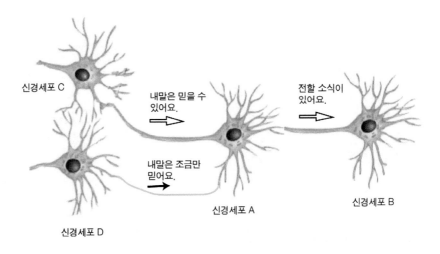

신호의 전달 효율

또 하나의 흥미로운 사실은, 시냅스의 전달 효율은 항상 고정된 값이 아니라는 것입니다. 즉, 시간이 지남에 따라 각 시냅스의 전달 효율도 변화한다는 점입니다.

연결주의 연구자들은, 이상의 인간 신경계 연구 결과를 바탕으로 다음과 같이 생각하게 됩니다.

- 세포들을 연결하는 시냅스의 전달 효율에 인간의 지식이 저장되어 있을 것이다.
- 한 문제에 대한 학습을 반복하면, 시냅스의 전달 효율이 그 문제를 잘 해결할 수 있도록 변화할 것이다.

연결주의 인공지능에서는 인간의 신경계를 흉내내어 **인공신경망(Artifical Neural Network)** 프로그램을 개발합니다. 주요한 주제들은 다음과 같지요.

1. 신경세포와 같은 역할을 하는 계산프로그램을 어떻게 만들까? 이를 인공신경망에서는 흔히 노드(node)라고 하지요.

2. 노드개수를 몇개로 하고, 어떤 형태로 배열할까?

3. 신경계처럼 노드와 노드를 선으로 연결하되 어떤 노드들을 서로 연결할까?

4. 연결선에는 시냅스의 전달 효율과 같은 역할을 하는 **가중치(weight)**라는 숫자를 지정합니다. 이 가중치들을 어떻게 구할 것인가? 특히 문제를 계속 풀어보면서 이 가중치를 어떻게 변화시킬 것인가? 이것을 **기계학습(machine learning)** 알고리즘 이라고 하지요.

최근에는 **심층 신경망(deep neural network)** 이라는 구조가 개발되어, 음성인식, 얼굴인식과 같은 인식 문제들에 우수한 성능을 보이고 있어요. 또한 챗봇, 자동번역, 자율 주행자동차등 여러 제품에 활발히 적용되고 있어요.

이 책의 7장과 8장에서는 신경망을 어떻게 만드는 지를 상세히 설명합니다.

■ 튜링

영국의 유명한 수학자이자 컴퓨터 과학자인 알란 튜링은, 1940년대 2차 세계대전에서 독일의 암호 해독 알고리즘을 고안하여 연합군이 승리할 수 있는 결정적인 계기를 마련한 것으로 유명합니다. 또한 컴퓨터과학의 이론적인 모델인 튜링 기계를 고안하여, 계산 이론의 기반을 닦은 학자입니다. 그의 업적을 기려, 매년 컴퓨터분야에서 최고의 연구 성과를 거둔 학자나 연구자들에게 **튜링상(Turing Award)**을 수여하고 있습니다. 컴퓨터분야의 노벨상인 셈이지요.

## 내가 사람이라니까

그는 이미 1940년대에 미래의 컴퓨터는 점차 진화하여, 인간과 같은 지능을 가질 것이라고 예견하였지요. 그럼 컴퓨터가 지능을 갖고 있는 지를 어떻게 판별할까라는 의문이 생기지요? 튜링은 다음과 같은 실험을 제안했어요.

튜링 테스트

먼저 인간과 기계를 칸막이가 쳐진 방에 따로 따로 둡니다. 이제 질문자가 나섭니다. 이때 질문자는 어느 칸막이 뒤에 기계가 있고, 어느 칸막이 뒤에 인간이 있는지를 모르지요.

질문자는 기계와 인간에게 컴퓨터 자판을 통해 질문을 던집니다. 기계와 인간은 각각 자신의 지식을 이용해 질문에 대해 답을 합니다. 이때 답변은 컴퓨터의 화면에 나타납니다. 이러한 대화를 계속 반복합니다. 얼마 동안의 대화가 끝난 뒤, 만약 질문자가 누가 기계이고 누가 인간인지 구별할 수 없다면, 이때 기계는 지능이 있다고 판정합니다. 이상의 실험을 **튜링 테스트(Turing Test)**라고 하지요.

즉 기계는 자신의 지식을 이용해서, 자신이 인간인 것처럼 속이는 것이 대화의 목표가 되지요. 아무런 제약조건없이 완벽하게 튜링테스트를 통과한 기계가 있을까요? 비록 특수한 분야(얼굴인식, 음성인식 등)에서는 우수한 성능을 가지더라도, 인간처럼 일반 상식을 모두 갖추는 것은 쉬운 일이 아니지요.

어쩌면 인공지능 연구는 아직도 초창기 일지도 모르겠군요.

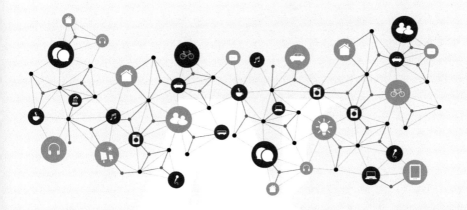

Artificial Intelligence

# CHAPTER 2

# 비밀번호

Artificial Intelligence

인공지능의 문제들

선교사와 식인종

2개의 물통

그림 퍼즐

부산은 몇 번째?

알고리즘

차례대로 다해 볼꺼야

한 길로만 계속 가다보면

코딩

그림퍼즐을 푸는 너비우선 탐색 프로그램

세연의 부모님은 퀴즈 놀이를 좋아하세요. 부모님이 유럽으로 여행을 가면서 세연에게 다음과 같은 문자메시지를 보냈군요. "딸아, 급한 일이 있으면 금고에 현금이 있으니 꺼내 쓰거라. 금고 비밀번호는 3자리 숫자 '고양이'란다. 다음 문제를 풀면 고양이를 알 수 있단다. 단, 문제에서 각 글자는 숫자가 되고, 다른 글자가 같은 숫자는 될 수 없단다. 또, 한 글자는 항상 같은 숫자가 되어야 한다. 즉 모든 '양'은 같은 숫자여야 한다. 마지막으로 다음 덧셈이 성립되어야 한다.

도둑은 풀 수 없겠지? ^^"

## 인공지능의 문제들

컴퓨터로 많은 문제들을 풀 수 있지요. 인공지능을 사용해야 하는 문제들은 일반적으로 복잡한 문제들이랍니다. 생각해야 하는 경우의 수가 너무 많은 문제들이지요. 카메라에 찍힌 얼굴이 우리나라의 국민들 중 누구인지 알아

내려 한다면, 데이터베이스에 저장된 오천만 명의 사진과 일일이 비교해 봐야 해서 많은 시간이 필요해요. 이제 인공지능의 문제풀이 알고리즘 연구에서 자주 사용하는 대표적인 문제들을 소개합니다. 한번 풀어 보세요. 답을 금방 구할 수는 없을 꺼예요. 실망하지 마세요. 원래 복잡한 문제이니까요.

## 선교사와 식인종

식인종 3명과 선교사 3명이 강을 건너려고 해요. 강변에 배가 1척 있는데 2명까지 탈 수 있어요. 배는 노를 저어서 움직이고, 식인종과 선교사 모두 노를 저을 수 있어요. 그런데 문제가 있군요. 배를 타고 건너가는 도중에, 강변에 남아있는 식인종이 선교사보다 많으면 선교사는 식인종에게 먹히지요. 어떤 순서로 건너면 무사히 6명이 모두 강을 건널 수 있을까요? 이 문제의 답은 이 책의 뒷부분에서 나옵니다.

선교사와 식인종 문제

## 2개의 물통

4리터 물통과 3리터 물통이 있어요. 수도꼭지가 있어 물통에 물을 가득 채울 수가 있어요. 어떻게 하면 4리터 물통에 정확히 2리터 물을 채울 수 있을까요? 그런데 문제가 있어요. 각 물통에는 눈금이 없고, 무게나 깊이를 측정할 수 있는 장치나 도구도 없어요.

## 그림 퍼즐

다음과 같은 그림 퍼즐이 있어요. 이 퍼즐에는 그림조각이 총 8개 있지요. 각 그림 조각은 모양이 다르고, 번호가 1, 2, 3, 4, 6, 7, 8, 9로 매겨져 있군요. 빈 칸이 1개 있는데, 이 칸은 항상 5번으로 부릅니다. 빈 칸의 왼쪽, 오른쪽, 위쪽, 아니면 아래쪽의 그림 한 조각을 빈칸으로 이동할 수 있어요. 현재 그림판에서 4번 그림조각을 왼쪽 빈칸으로 이동하면, 가운데로 오겠지요? 이때 5번 빈칸은 오른쪽으로 한 칸 이동하는 것과 같습니다. 이제 현재 그림판에서 빈 칸을 한 칸씩 이동해서 목표 그림판을 만들어 보세요. 어떻게 하면 가장 적은 횟수로 빈 칸을 이동하여 목표 그림판을 만들 수 있을까요? 이 문제는 그림 조각이 8개여서 **8퍼즐(8 puzzle)**이라고도 불립니다.

| | | |
|---|---|---|
| 9 | 8 | 7 |
| 6 | 5 | 4 |
| 3 | 2 | 1 |

현재 그림판

| | | |
|---|---|---|
| 1 | 2 | 3 |
| 4 | 5 | 6 |
| 7 | 8 | 9 |

목표 그림판

## 부산은 몇 번째로 가지?

곤잘레스는 회사일로 서울에서 출발해서 대구, 전주, 부산, 강릉을 차를 운전해서 방문한 후 서울로 돌아와야 해요. 단, 모든 도시는 한번만 방문해야하지요. 도시들은 모두 도로로 연결되어 있고, 도시와 도시 사이의 도로의 길이는 알고 있어요. 휘발유 값을 아끼기 위해서 운전하는 전체 거리는 최소가 되어야 하겠어요. 자, 그럼 어떤 순서로 도시들을 방문해야 할까요? 이 문제를 **외판원 문제(traveling salesman problem)**라고 해요.

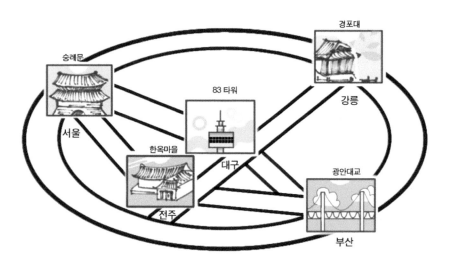

외판원 문제

# 알고리즘

컴퓨터로 문제를 푸는 프로그램을 만들기 위해 먼저 알고리즘을 작성해야 해요. 알고리즘이란 말은 많이 들어 보았을 텐데 정확한 뜻은 무엇일까요? '알고리즘'은 문제를 풀기 위해 문장 혹은 지령을 순서대로 나열한 것이예요. 두 수를 더하는 알고리즘은 다음처럼 된답니다.

- 첫째 수 A를 컴퓨터 자판으로 입력하세요.
- 둘째 수 B를 컴퓨터 자판으로 입력하세요.
- A와 B를 더하세요.
- 더한 값을 컴퓨터 화면에 출력하세요.

이제 다양한 문제에 적용할 수 있는 유명한 알고리즘 2개를 소개하려고 해요. 컴퓨터는 메모리(memory)라고 하는 기억장치를 가지고 있어요. 기억장치는 데이터를 저장하는 보관 창고이지요. 마치 사람이 굉장히 많은 종이를 가지고 있어서 필요한 정보는 기록해서 보관할 수 있듯이, 컴퓨터는 문제풀이중에 발생하는 중간 과정은 쉽게 메모리에 저장할 수 있어요. 지금부터는 메모리에 저장하는 것을 종이에 쓰는 것으로 생각하지요.

다음의 알고리즘들을 차근차근 읽어보도록 하세요. 어려운 수식은 없답니다. 다만 조금 복잡할 뿐이랍니다. 알고리즘은 항상 모든 가능한 경우를 생각해야만 하지요.

종이에 같이 그려가면서 읽어 보면 쉬울 꺼예요.

## 차례대로 다 해 볼꺼야

그림 퍼즐 문제를 가지고 이 알고리즘을 설명하지요. 이 문제는 처음 그림판과 마지막으로 만들려고 하는 목표 그림판을 알고리즘에게 알려줍니다. 그러면 알고리즘은 처음 그림판부터 시작하여, 빈 칸을 매번 어떤 방향으로 한 칸씩 이동하여, 목표 그림판을 만들 수 있는 지를 사용자에게 보여주면 됩니다.

지금부터 **너비 우선 탐색(breadth first search)** 알고리즘을 소개합니다. 이 알고리즘은 먼저 큰 종이를 사용할 거예요. 왜냐하면 모든 가능한 경우를 종이에 기록하여 빠짐없이 검토할 예정이거든요.

1. 처음 그림판을 종이에 기록합니다.

2. 처음 그림판을 목표 그림판과 비교해 봅니다. 만약 같으면 알고리즘을 끝냅니다. 이때 두 그림판의 8개 그림조각이 모두 같은 위치에 있는지는 프로그램으로 알 수 있으니 걱정마세요. 같지 않으면, 처음 그림판에서 빈 칸을 움직일 수 있는 모든 방향으로 차례대로 한 칸씩 움직여 봅니다.

   빈 칸을 움직이고 난 후에 만들어지는 결과 그림판을 처음 그림판 아래에 그려 둡니다. 빈 칸을 이동한 후의 그림판은 프로그램이 쉽게 구할 수 있으니, 걱정하지 마세요. 이제 각 결과 그림판을 순서대로 검토해 볼 꺼예요. 여기서 판 A, 판 B, 판 C, 판 D는 모두 처음 그림판에서 빈칸을 1번 이동해서 만들 수 있지요? 이 4개의 그림판들을 **깊이(depth)**가 1인 그림판이라고 해요.

이제 5개의 그림판이 그려지는군요. 처음 그림판과 4개의 그림판은 화살표로 연결되어 있어서, 처음 그림판으로부터 판 A, 판 B, 판 C 혹은 판 D를 만들수 있음을 나타냅니다. 이와 같은 그림을 **탐색 트리(search tree)**라고 합니다. 탐색트리에서는 각 그림판을 **노드(node)**라고 부릅니다. 탐색트리에서 아래에 아무런 그림판이 연결되어 있지 않은 그림판을 **단말 노드(terminal node)**라고 합니다. 지금의 탐색트리에서 판 A, 판 B, 판 C, 판 D는 모두 단말 노드입니다. 그러나 처음 그림판은 자신의 아래에 다른 노드들이 있으니, 단말 노드는 아닙니다.

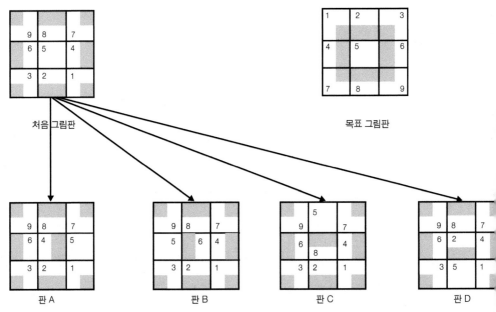

너비 우선 탐색 (처음 그림판에서 깊이 1인 노드 만들기)

3. 현재의 단말 노드들은 모두 깊이가 1로서 같습니다. 이때에는 단말 노드중에서 아무것이나 한 개를 선택합니다. 판 A를 골라 볼까요. 선택한 판 A를 우리가 알고 있는 목표 그림판과 비교해 볼 꺼예요. 만약 두 그림이 같다면 답을 찾은 것이지요. 그림에서처럼 같지 않으면, 판 A의 빈 칸을 움직여서 만들어지는 결과 그림판들을 판 A 아래에 그립니다.

이때 그려지는 판 A1, 판 A2, 판 A3를 깊이가 2인 그림판 이라고 합니다. 즉, 이 그림판들은 처음 그림판에서 빈 칸을 2번 이동해서 만들 수 있는 판 들이죠. 탐색트리에서 세로 방향을 깊이라고 합니다. 그림판이 아래에 있을 수록 깊이가 큰 값이 됩니다. 반대로 탐색 트리의 가로 방향을 **너비(breadth)** 라고 한답니다.

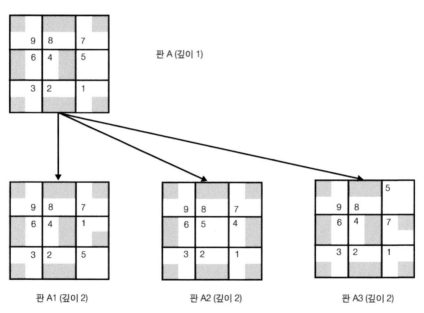

너비 우선 탐색 (판 A에서 깊이 2인 노드 만들기)

4. 이제 종이 위에 여러 그림판이 그려져 있지요?

   이 중에서 한 그림판을 선택해야 만해요. 지금의 탐색 트리에서 단말노드는 무엇인가요? 판 B, 판 C, 판 D, 판 A1, 판 A2, 판 A3입니다. 너비 우선 탐색 알고리즘에서는 항상 단말 노드들중에서 깊이가 가장 작은 단말노드 한개를 선택합니다. 즉, 판 B, 판 C, 판 D 중에서 아무 것이나 고릅니다. 판 B를 선택한다고 가정해 보아요.

   다음에는 어떻게 하면 될까요? 잠시 생각해 보세요. 판 A에서 했던 작업을 이제 반복합니다. 우선 판 B가 목표그림인지 체크해 보겠지요. 아니니까 판 B의 빈 칸을 모든 가능한 방향으로 한 칸 이동해서 만들어지는 다음 그림판을 그립니다. 역시 판 B의 아래에 그려야 하겠죠? 이 판들도 깊이는 2가 되겠군요. 만들어지는 3개의 결과 그림판을 판 B의 아래에 직접 그려보세요.

5. 이제 깊이가 가장 작은 단말노드를 선택해야 되겠죠? 판 C와 판 D중에 한 개를 아무것이나 선택하면 됩니다. 판 C 를 선택했다고 생각하죠. 판 A와 판 B와 똑 같은 작업을 반복합니다. 즉, 판 C의 아래에 빈칸을 이동해서 만들어지는 3개의그림판을 그려둡니다.

   그 다음은 판 D를 선택하여 같은 방식으로 처리하지요. 즉 판 D 아래에도 새로운 그림판들이 그려지고, 이 판들의 깊이는 모두 2가 되겠지요? 판 D 에서 빈칸을 한 칸 이동해서 만들어지는 판 D1, 판 D2, 판 D3를 판 D 아래에 그렸답니다.

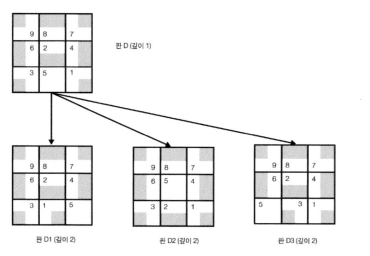

너비 우선 탐색 (판 D 아래의 깊이 2 인 노드 만들기)

6. 지금까지 깊이가 1인 단말노드들은 모두 검사했습니다. 깊이가 1인 그 림판들 중에는 목표 그림판이 없었지요? 이제는 모든 단말노드의 깊이 가 2 입니다. 따라서 단말 노드중 한개의 그림판을 임의로 선택하여 처 리합니다. 즉 판 A1을 선택하여 똑 같이 처리합니다. 이때 만들어지는 그림판들은 판 A1 아래에 그려지고 이 판들의 깊이는 3이 되겠지요?

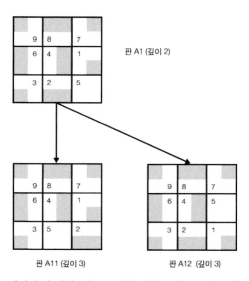

너비 우선 탐색 (판 A1 에서 깊이 3 인 노드 만들기)

7. 이제 단말노드들중에서 깊이가 가장 작은 노드는 깊이가 2입니다. 깊이가 2인 판 A2를 선택하여 같은 방식으로 처리합니다. 즉 판 A2 도 목표 그림판이 아니니, 빈 칸을 한 칸씩 이동하여 만들어지는 깊이 3인 그림판들을 판 A2 아래에 그립니다. 이 과정을 계속 반복합니다. 계속 새로운 그림판들이 그려지겠군요.

마지막에는 깊이가 2인 판 D3가 선택되겠군요. 판 D3 가 목표 그림판인지 체크해보았더니 아니군요. 판 D3의 빈칸을 한 칸 이동하여 만들어지는 결과 그림판들을 판 D3 아래에 그립니다.

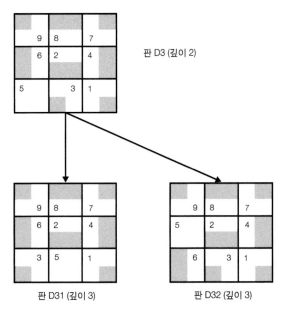

너비 우선 탐색 (판 D3 에서 깊이 3 인 노드 만들기)

8. 언제까지 이 과정을 반복하냐고요? 매 단계에서 깊이가 가장 작은 단말 노드를 선택한다고 했지요? 선택된 그림판이 목표 그림판이 아니면 앞의 과정을 반복합니다. 만약 선택된 그림판이 목표 그림판이면 알고리즘을 끝냅니다. 이때 종이에는 처음 그림판부터 찾아낸 목표 그림판까지의 화살표로 이루어진 길이 그려져 있군요. 그 길을 따라, 빈 칸을 차례로 이동하는 것을 사용자에게 보여주면 되겠군요.

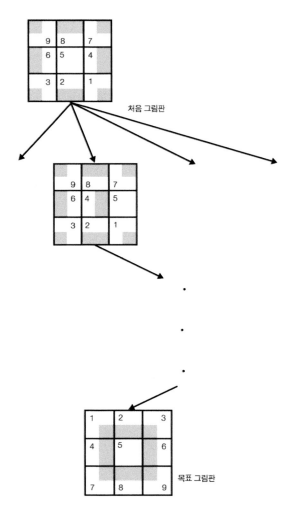

목표 그림판을 드디어 찾았네요.

앞에서 이야기한 것처럼 지금까지의 종이위에 그린 그림판들과 화살표들은 컴퓨터 메모리에 모두 저장되어 있답니다. 찾아낸 목표 그림판에서 출발하여 화살표를 반대 방향으로 거슬러 올라가면, 처음 그림판에 도달하는 길을 찾을 수 있겠지요? 즉 알고리즘은 이 문제의 답을 사용자에게 보여줄 수 있습니다.

종이에 그려지는 그림판의 개수는 문제를 풀다 보면 점점 많아 질 꺼예요. 따라서 필요한 종이의 장수도 점점 많아지지요. 컴퓨터의 메모리를 많이 사용한다는 것이 바로 이 알고리즘의 큰 단점이랍니다.

그렇다면 이 알고리즘의 가장 큰 장점은 무엇일까요? 그림판을 계속 그리다 보면, 반드시 언젠가는 목표 그림판이 나타나겠지요? 즉, 처음 그림판이 어떤 그림이던 항상 문제를 풀 수 있다는 점이지요. 또 추가로 어떤 장점이 있을까요? 빈 칸을 최소 횟수로 이동하여 목표 그림판에 도달할 수 있는 방법을 찾을 수 있지요. 즉 "너비우선 탐색 알고리즘은 **최적(optimal)**의 답을 찾을 수 있다"라고 하며, 이것이 이 알고리즘의 우수한 성질이랍니다.

## 한 길로만 계속 가다 보면

이번에는 **깊이 우선 탐색(depth first search)** 알고리즘을 소개합니다. 비밀번호 문제를 사용하여 이 알고리즘을 설명하지요. 마찬가지로 종이를 준비하세요.

1. 우선 아무 글자나 선택하여 숫자를 넣어 봅니다. 먼저 글자 '이'에 숫자를 넣어 봅니다. '이'에는 0부터 9까지의 아무 숫자나 넣을 수 있지요. 여기서 0을 넣어 봅니다. 여기서 어떤 글자를 먼저 선택하고, 어떤 값을 먼저 넣느냐는 중요하지 않아요. 즉, '강'글자를 먼저 선택하고, '강'에 처음에 5를 저장해도 이 알고리즘은 차이가 없습니다. 종이에 선택한

글자 '이'와 선택한 값을 기록합니다. 지금부터 덧셈 문제의 모든 '이'는
똑 같이 0의 값을 갖게 됩니다.

```
┌─────────┐     고 양 이         고 양 0
│ 이 ← 0 │   + 강 아 지   ➡   + 강 아 지
└─────────┘   ───────────     ───────────
                양 이 지         양 0 지
```

2. 남은 글자들 '고', '양', '강', '아', '지' 글자 중에서 한 글자를 선택합니
   다. 어떤 글자를 선택해도 좋아요. '지' 를 선택해 볼까요? '지'에 저장
   가능한 값은 '이'에서 사용된 0을 제외한 1부터 9 까지 이지요. 이 중 어
   떤 숫자를 선택해도 좋아요. 2를 선택했다고 가정해 보아요. 지금부터
   '지'의 값은 2가 됩니다.

   종이에 선택한 글자 '지'와 배정한 값 2를 '이' 글자 아래에 씁니다. '지'
   글자는 깊이가 1인 글자입니다.

   이제 덧셈 문제를 볼까요? 덧셈의 마지막 자릿수는 '이'+'지'='지' 이군
   요. 덧셈이 성립하는지 볼까요? 0+2=2 이 맞군요. 지금까지는 문제가
   없습니다. 계속 진행합니다.

```
┌─────────┐       고 양 0
│ 이 ← 0 │     + 강 아 2
└─────────┘     ───────────
     │            양 0 2
     ▼
┌─────────┐
│ 지 ← 2 │
└─────────┘
```

3. 이제는 남은 글자들 '고','양','강','아' 중에서 아무 글자나 고릅니다. '양'을 선택했다고 생각해 보지요. '이'에는 0이, '지'에는 2가 사용되었으니, 1,3,4,5,6,7,8,9 들 중에 한 숫자를 사용할 수 있군요. '양'에 7을 넣어 보지요. 아직까지는 문제가 없지요? 즉, '이'에는 0, '지'에는 2, '양'에는 7이 저장되었습니다. 종이의 '지' 글자 아래에 '양'과 7을 씁니다. '양' 글자의 깊이는 2가 됩니다.

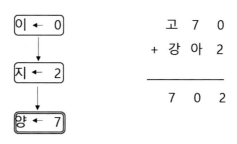

4. 남은 글자들 중에서 아무 글자나 고릅니다. '아' 를 골라볼까요? '아'에 넣을 수 있는 숫자는 어떤 수인지 알 수 있겠지요? 1,3,4,5,6,8,9 중에서 아무 숫자나 선택합니다. 4를 선택해 '아'의 값으로 넣어 보지요. '아'와 4를 글자 '양' 아래에 씁니다.

5. 둘째 자리의 덧셈을 볼까요? '양'+'아'='이'군요. 이 식의 글자에 숫자들을 대입해 보면 7+4=0 입니다. 덧셈이 성립되지 않아요. 이 단계에서 문제가 발생했군요! 이렇게 문제가 있으면 가장 최근에 선택했던 숫자가 잘못이었다고 생각합니다. 따라서 '아'에는 4가 아닌 다른 숫자를 넣어야겠군요.

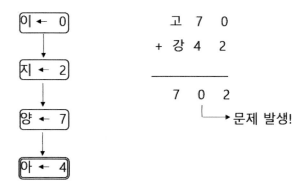

6.  '아'에 배정했던 4를 취소하고, 3을 선택해서 저장해 봅니다. 이때 종이
    에 쓰여져 있던 4의 값은 지우고 3을 새로 씁니다. 이제 둘째 자리의 덧
    셈 '양'+'아'='이' 를 다시 검사합니다. 7+3=0 이 되어서 만족되는군요.
    물론 위 자리로 자리 올림수 1이 올라가지요.

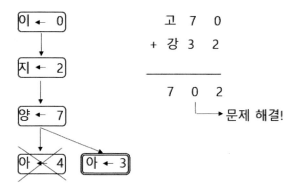

현재까지의 글자들에 배정된 숫자를 정리하면
('이',0), ('지', 2), ('양', 7),('아',3)입니다.

7.  이제 남은 글자 '고','강' 중에서 아무 글자 한 개를 선택합니다. '고'를
    선택하고 남아있는 수 중에 5를 넣어 봅니다. '고'와 5는 '아' 글자 아래
    에 기록합니다. 아직까지는 별다른 문제가 없군요.

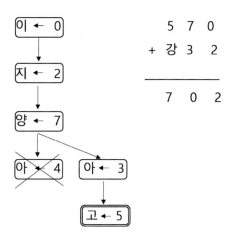

8. 마지막 글자 '강'에 남아 있는 수,1, 4, 6, 8, 9 중에 4를 넣어 봅니다. '강' 과 4를 '고' 아래에 씁니다. 이제 3째 자리의 덧셈이 맞는지 체크해 보지요. 둘째 자리에서 자리 올림수 1이 있었다는 것을 기억하세요. 1+ '고'+'강'='양' 이 되어야 합니다. 글자에 숫자를 대입해 보면, 1+5+4=7 이 성립하지 않네요. 또 다시 문제발생!

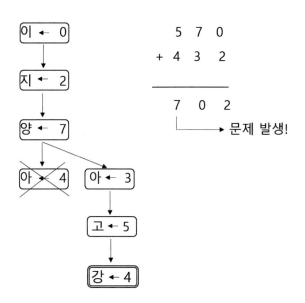

9. 가장 최근에 선택했던 4 대신에 1을 글자 '강'에 넣어봅니다. 1+5+1=7
   로 성립하네요.

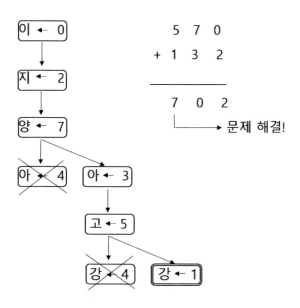

   이제 최종 답을 찾았지요?

10. 모든 글자에 한 개의 숫자가 저장되고, 덧셈이 올바르게 성립되었으니
    알고리즘을 끝냅니다.

깊이 우선 탐색 알고리즘은 '이'에 한 숫자를 임의로 지정한 후, 곧 바로 다음 글자 '지'에 한 개의 숫자를 배정합니다. 즉, '이'에 다른 숫자를 배정하는 경우는 생각하지 않지요. 각 글자에 한 개의 숫자를 계속해서 배정해 나갑니다. 만약 문제가 생기면, (즉, '아'에 4를 넣으면, '양'+'아'='이'식이 성립되지 않음) 문제를 일으킨 글자 '아'에 다른 숫자 3을 넣어 봅니다. 이를 **역추적(backtrack)**이라고 합니다.

깊이 우선 탐색 알고리즘은 마치 사람이 미로 탈출하는 방법과 비슷하지 않나요? 즉, 처음 선택한 길을 계속 따라가다가 막다른 길에 도달하면 되돌아 나오고, 되돌아 나오는 도중에 처음 만나는 갈래길에서 다른 길을 따라가지요. 미로탈출에서 되돌아 나와서 처음 만나는 갈래길에서 다른 길을 선택하는 것이 바로 역추적입니다.

깊이 우선 탐색 알고리즘은 종이에 그려보면, 길죽하게 아래 방향으로 풀이 과정이 진행되지요. 즉, 세로를 깊이라고 할 때, 깊이가 깊어지는 방향으로 진행된다는 뜻에서 깊이 우선 탐색이라고 부릅니다.

깊이우선 탐색 알고리즘은 너비 우선 탐색알고리즘에서 처럼 모든 경우를 종이에 기록할 필요가 없지요. 진행 중인 과정에서 현재까지 선택된 글자에 어떤 값들이 배정되었는 지를 기록해 두면 됩니다. 따라서 필요한 종이의 장수, 즉 메모리가 작다는 것이 이 방식의 가장 큰 장점이랍니다. 역추적 기능을 추가한 깊이우선 탐색 알고리즘도 항상 답을 찾을 수는 있어요. 하지만 그림 퍼즐같이 최소의 이동 횟수를 요구하는 문제에는 적합하지 않아요. 즉, 최적의 답을 구할 수는 없답니다. 이것이 이 알고리즘의 단점이랍니다.

아 참! 세연이는 깊이 우선 탐색 알고리즘으로 비밀번호를 찾았군요. 카톡 메세지를 보냅니다.

"아빠. 금고를 열었어요. ^^"

# 코딩

1. 한개 그림판의 그림조각을 놓여진 차례대로 입력하여 2차원 **배열(array)** 로 저장하는 배열 입력 프로그램을 작성하세요. 각 그림조각은 번호로 표시합니다.

2. ① 배열 입력 프로그램으로, 현재 그림판의 그림조각을 놓여진 차례대로 입력하여 현재 그림판 배열에 저장하세요.

   ② 배열 입력 프로그램으로, 목표 그림판의 그림조각을 놓여진 차례대로 입력하여 목표 그림판 배열에 저장하세요.

   ③ 저장된 현재 그림판 배열과 목표 그림판 배열을 비교하여 두 배열이 같은지를 판단하는 프로그램을 작성하세요. 같으면 '예', 아니면 '아니오'를 출력합니다.

3. 저장된 현재그림판 배열로부터 결과 그림판 배열들을 만드는 프로그램을 작성하세요.

   ① 프로그램은 현재 그림판 배열에서 빈칸(5번 조각)을 찾아내고, 빈칸을 이동할 수 있는 모든 방향을 구합니다.

   ② 빈 칸을 한 방향으로 이동했을 때 만들어지는 결과 그림판배열을 만들어 저장합니다.

   ③ 탐색 트리에서는 현재 그림판과 만들어진 결과 그림판들이 화살표로 연결됩니다. 현재 그림판배열과 만들어진 결과 그림판배열을 어떤 방식으로 연결할지 생각하고 프로그램을 작성해보세요. 다양한 방식이 있을 수 있습니다.

④ 각 그림판배열은 자신의 아래에 그림판배열이 있는지 없는지를 나타내는 단말노드값을 저장해야합니다. 앞에서 현재 그림판배열의 아래에 결과 그림판배열이 만들어지면, 현재 그림판배열의 단말노드값으로 0을 저장합니다. 새로 만들어진 결과 그림판배열들에는 단말노드값으로 1을 저장합니다.

4. 너비우선 탐색방식으로 그림퍼즐을 푸는 프로그램을 작성하세요. 처음 그림판과 목표그림판이 입력으로 주어지고, 프로그램은 처음 그림판부터 목표 그림판까지의 빈칸의 이동순서를 출력하여야 합니다..

이 프로그램은 매 단계에서 탐색트리의 단말노드를 선택하고, 이중에서 깊이가 가장 작은 단말 노드를 선택하여야 합니다. 따라서 각 그림판배열은 만들어질 때, 그 그림판 배열의 깊이값도 계산되어 같이 저장되어야 하겠군요

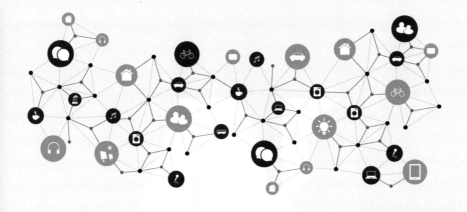

Artificial Intelligence

# CHAPTER 3

# 흠, 이게 먼저군

Artificial Intelligence

얼마나 가까울까?

희망적 계산

다시 선교사와 식인종

코딩

사람은 문제풀이나 일상생활에서 오랜 기간동안 쌓아온 경험에서 우러난 지식을 많이 사용하지요.

"초롱이는 아침에 학교에" 라는 문장을 보면 아마도 다음에 올 단어는 '간다'일 것이라고 예상되지 않나요? 반면에 "초롱이는 오후에 학교에서"라는 말을 들으면 다음에 올 단어는 '온다'라고 생각되지 않나요?

비행기에서 찍은 항공사진으로부터 산속에 불법으로 지은 건물을 찾고 있어요. 아무래도 네모난 모양을 먼저 찾아야겠지요.

내 차 앞에서 달리고 있는 트럭은 짐을 너무 많이 싣고 있어요. 급한 커브 길에서 트럭이 기울어지고 있네요. 쓰러질 것 같아요. 내 차의 속도를 빨리 줄여서 충돌을 피해야만 해요.

'다음에 올 단어는 온다, 혹은 간다 이다' , '건물은 네모나다', '트럭이 쓰러질 것 같다' , 이러한 지식들은 100퍼센트 참이지는 않지만, 확률적으로 참일 가능성이 높지요. 이러한 지식을 **경험적 지식(heuristic knowledge)**이라고 해요. 경험적 지식을 문제풀이 알고리즘에 사용할 수는 없을까요? **경험적 탐색(heuristic search)** 알고리즘은 이런 목적으로 개발된 방식으로 거의 대부분의 문제에 적용할 수 있어요. 이 알고리즘은 경험적인 지식을 수식으로 표현하여 사용하며, 이러한 수식을 **경험적 함수(heuristic function)**라고 한답니다.

그림 퍼즐문제를 다시 생각해 보아요. 너비 우선 탐색에서는 움직일 수 있는 모든 방향으로 빈 칸을 이동해 보았죠? 깊이 우선 탐색에서는 빈 칸을 움직일 수 있는 방향들 중 한 방향을 임의로(그냥) 선택하여 이동해 보았어요. 만약 이동할 수 있는 방향들 중에서, 경험적으로 목표 그림판에 빨리 도달할 수 있는 방향을 알 수 있다면 어떨까요?

그림과 같은 상황을 생각해 보아요. 처음 그림판에서 빈칸을 이동할 수 있는 경우의 수는 3가지이지요? 이동한 결과로 만들어지는 판 A, 판 B, 판 C중에서 어느 그림판이 목표그림판과 가장 가깝다고 생각되나요? 가까울수록 빈칸을 작은 횟수만 이동해도 목표그림판에 빨리 도착할 수 있겠죠. 그러나 이것은 쉽지 않은 문제이지요?

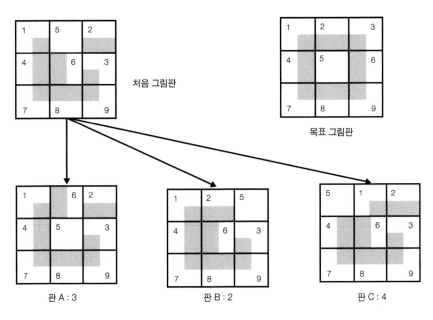

목표 그림판과 비슷한 정도

## 얼마나 가까울까?

하나의 그림판이 목표 그림판에서 가까운 정도를 100 퍼센트 정확하지는 않지만, 경험에 의해 판단하는 한가지 방식을 소개합니다. 이 방식에서는 그림판이 목표그림판과 비슷할수록, 목표그림판에 가깝다고 생각하는 것이죠. 앞의 판 A, 판 B, 판 C를 비교해보아요. 판 B가 목표그림판과 가장 비슷하다고 생각되지 않나요?

여기서, 현재 그림판이 목표그림판과 비슷한 정도를 판단하는 지식을, 다음의 간단한 식으로 나타내보아요.

우선 한 개의 그림 조각이 목표 그림판에 있는 위치를 그 조각의 **목표위치**라고 하지요. 3번 그림조각의 목표위치는 판의 제일 오른쪽의 제일 위쪽 구석이군요. 또 7번 그림조각의 목표위치는 판의 제일 아래쪽의 제일 왼쪽 구석입니다. 현재 그림판에서 각각의 그림 조각의 위치를 그 조각의 목표위치와 비교해봅니다. 이때 목표위치와 다른 위치에 있는 그림조각들의 개수를 세어 봅니다. 이때 5번 조각은 그림조각이 아니니까 무시합니다. 판 A에는 2번, 3번, 6번의 3조각이 목표위치와 다른 위치에 있지요? 판 B는 3번과 6번의 2조각이 다른 위치에 있군요. 판 C는 1번, 2번, 3번, 6번의 4조각이군요.

'현재의 그림판에서, 목표위치와 다른 위치에 있는 그림 조각의 개수' 라는 식이 바로 이 문제의 경험적 함수입니다. 이 함수의 값이 작을수록 목표 그림판에 더 비슷하다고 판단합니다. 경험적인 함수를 h라고 쓰며, 이 식의 값은 현재 그림판이 어떤 그림판이냐에 따라 다르지요? 알고리즘에서는 ( ) 안에 이 식을 계산할 판을 씁니다. 즉,

h(판 A)=3,
h(판 B)=2,
h(판 C)=4

라고 표기합니다.

이 경험적인 함수에 의하면, 판 B가 가장 목표그림판과 비슷하고, 따라서 가장 목표그림판에 가깝다고 판단하게 됩니다. 그러면 알고리즘은 처음 그림판에서 판 B로 이동해야 하겠지요? 즉, 빈 칸을 오른쪽으로 이동하게 됩니다.

이제 이 경험적 함수를 이용한 경험적 탐색 알고리즘으로 그림 퍼즐을 풀어볼까요? 다시 큰 종이를 준비합니다.

1. 처음 그림판을 종이위에 그립니다. 처음 그림판의 빈 칸을 모든 방향으로 한 칸 이동했을 때 만들어지는 결과그림판인 판 A, 판 B, 판 C를 그립니다. 각 결과그림판의 경험적 함수 값을 구합니다. 구한 값을 그림판 옆에 기록해두어요.

2. 이제 판 A, 판 B, 판 C의 경험적 함수 값을 비교하여, 가장 작은 값을 갖는 판 B를 선택합니다.

   선택된 판 B가 목표그림판과 같은 지를 체크합니다. 아니죠? 판 B의 빈 칸을 이동하여 만들어지는 결과그림판을 그림판 B 아래에 그립니다.

   새로 그려진 판 D와 판 E의 경험적 함수 값을 구하여 기록합니다.

   h(판 D)=1, h(판 E)=3 이군요.

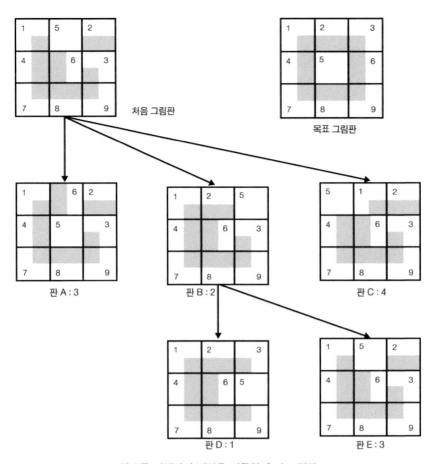

처음 그림판

목표 그림판

판 A : 3

판 B : 2

판 C : 4

판 D : 1

판 E : 3

판 B를 선택하여 빈칸을 이동한 후의 그림판

3. 이제 아래에 아무런 그림판이 없는 단말노드 판 A, 판 C, 판 D, 판 E를
   비교하여 가장 작은 함수 값을 갖는 그림판을 선택합니다. 즉 판 D가 선
   택되는군요.

   다음 과정은 무엇일까 예상해 보세요. 선택된 판 D 가 목표 그림판인지
   체크합니다. 아니죠? 판 D의 빈칸을 이동하여 만들어지는 결과그림판
   을 판 D 아래에 그립니다. 판 F와 판 G가 그려지는군요.

판 F 와 판 G의 경험적 함수 값을 구한 후, 구해진 값 0과 2를 각각 판 F 와 판 G 옆에 기록합니다.

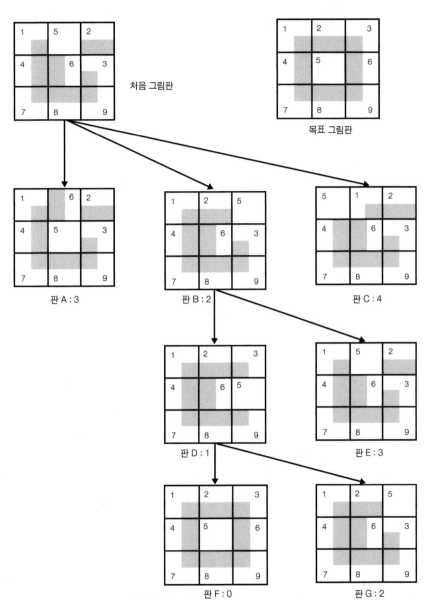

판 D를 선택하여 빈 칸을 이동한 후의 그림 판

4. 현재까지 그려진 그림판들 중에서 자신의 아래에 아무런 그림판이 그려져 있지 않은 그림판 즉, 단말노드는 무엇인가요?

판 A, 판 C, 판 E, 판 F, 판 G이군요. 이 중에서 경험적 함수 값이 가장 작은 그림판은 무엇인가요? 네. 맞아요. 판 F이지요. 판 F를 선택합니다.

5. 선택된 판 F를 목표그림판과 비교해 보니 완전히 같군요. 이 문제의 답은 이제 구할 수 있겠지요? 처음 그림판에서 판 F 방향으로 이동하면 되겠지요.

즉 답은 처음그림판 → 판 B → 판 D → 판 F 이군요.

혹은 빈 칸을 오른 쪽 → 아래 쪽 → 왼 쪽의 순서로 이동하면 되겠지요.

이제 알고리즘을 여기서 마칩니다.

재미있지 않나요? 다시 한번 처음부터 차근차근 따라가 보세요. 인공지능에서 매우 중요한 알고리즘을 방금 공부했답니다!

## 희망적인 계산(뛰어넘어도 좋아요)

이 알고리즘에서는 경험적인 함수를 설계하는 것이 가장 어려운 부분입니다. 문제에 적합한 경험적 함수는 한 개가 아니라 여러 개가 있을 수 있어요. 이 함수의 중요한 성질이 있어요. 한 개의 그림 조각이 목표 위치로 가기 위해서는 빈칸을 몇 번 이동해야 되지요? 이 때의 이동횟수를 참 이동횟수라고 부르도록 하지요.

만약 경험적 함수가 빈 칸을 참 이동횟수보다 작거나 같게 이동해도 그림 조각이 목표위치에 도달할 수 있다고 예상한다면, 이는 희망적인 계산이군요. 어떤 한 그림 조각이 목표위치로 가기 위해서 빈 칸을 3번 이동해야 하는데,

경험적함수는 0, 1, 2, 혹은 3으로 계산하는 것이지요. 즉, 4이상으로는 예측하지 않아요.

만약 경험적인 함수가 현재 그림판의 모든 그림조각에 대해서 항상 희망적으로 계산한다면, 이를 **낙관적인 추정(optimistic estimate)**이라고 해요.

우리가 사용한 경험적인 함수는 낙관적 추정일까요? 그렇습니다. 이 함수는 한 개의 그림조각이 목표위치와 다른 곳에 있다면, 이 조각이 현재의 위치에서 목표위치로 가기 위해서는 빈 칸을 한번만 이동하면 된다라고 생각하죠. 그래서 3개의 그림 조각이 목표위치와 다른 위치에 있다면, 한 조각당 한 번씩 해서, 빈 칸을 총 3번 이동하면 목표그림판에 도달한다라고 계산한답니다. 그러나, 실제로는 한 개의 그림 조각을 목표위치로 이동하려면 빈 칸을 최소 1번 이상은 이동해야 하겠지요?

이러한 낙관적인 추정함수를 사용하면 경험적 탐색 알고리즘은 항상 최적의 답을 구합니다. 그림퍼즐에서는 빈 칸을 최소횟수로 이동하여 목표그림판에 도달하는 이동순서를 보여줍니다. 이와 같이 최적의 답을 구할 수 있다는 점은 이 알고리즘의 상당한 매력입니다.

이제 여러분은 인공지능의 핵심적인 경험적 탐색 알고리즘을 완전히 이해하게 되었군요.

축하해요!


# 다시 선교사와 식인종

선교사와 식인종 문제의 경험적 함수를 생각해 보세요. 이 문제는 대학의 인공지능 과목의 시험문제로 자주 등장한답니다. 다양한 함수가 있을 수 있으니, 구체적인 함수의 예는 들지 않겠습니다.

다음 표에는 무사히 식인종과 선교사가 이동하는 방법을 보여주고 있네요. 참 신기하죠?

표의 첫째 줄에는 현재 강둑에 선교사가 3명, 식인종이 3명, 그리고 보트가 있는 것을 보이는군요. 또 반대편 강둑에는 선교사가 0명, 식인종이 0명, 보트는 없군요. 여기서 반대편 강둑으로 식인종 2명이 보트를 타고 건너가면, 반대편 강둑에 식인종 2명, 그리고 보트가 있겠죠? 이것이 바로 둘째 줄의 상황입니다. 둘째줄의 상황에서 식인종 1명이 보트를 타고, 반대편 강둑으로부터 현재 강둑으로 되돌아 옵니다. 그러면 셋째줄 상황이 되는군요. 나머지는 따라서 해보세요.

| 반대편 강둑 | | | 현재 강둑 | | |
|---|---|---|---|---|---|
| 선교사수 | 식인종수 | 보트 | 선교사수 | 식인종수 | 보트 |
| 0 | 0 | X | 3 | 3 | O |
| 0 | 2 | O | 3 | 1 | X |
| 0 | 1 | X | 3 | 2 | O |
| 0 | 3 | O | 3 | 0 | X |
| 0 | 2 | X | 3 | 1 | O |
| 2 | 2 | O | 1 | 1 | X |
| 1 | 1 | X | 2 | 2 | O |
| 3 | 1 | O | 0 | 2 | X |
| 3 | 0 | X | 0 | 3 | O |
| 3 | 2 | O | 0 | 1 | X |
| 3 | 1 | X | 0 | 2 | O |
| 3 | 3 | O | | | |

강둑에 보트가 있을 때는 O 로 표시하고, 없을 때는 X로 표시함.

# 코딩

1. 현재 그림판의 경험적 함수값을 구하는 프로그램을 작성하세요. 프로그램은 우선 사용자로부터 현재그림판의 그림 조각 번호를 놓여진 순서대로 입력받아서 배열로 저장하고, 경험적 함수값을 계산하여 출력합니다. 물론 현재그림판이 목표그림판과 같을 때는 이 함수값이 0입니다.

2. 저장된 현재 그림판 배열의 빈칸을 이동하여 결과그림판배열을 만드는 프로그램을 작성하세요. 결과그림판들은 번호가 매겨져야하며, 현재 그림판의 아래에 만들어진 결과 그림판이 있다는 정보를 저장하여야 합니다.

   또 각 그림판은 자신의 아래에 그림판이 있는지 없는지를 나타내는 단말노드값을 저장합니다. 현재그림판의 아래에 결과그림판이 만들어 지면, 현재 그림판의 단말노드값을 0으로 저장합니다. 새로 만들어진 결과그림판들에는 단말노드값을 1로 저장합니다.

3. 현재까지의 탐색트리에 포함된 그림판들 중에서 단말노드값이 1인 그림판들을 선택하고, 이 들중에서 경험적 함수값이 최소인 그림판을 선택하는 프로그램을 작성하세요.

4. 그림퍼즐을 푸는 경험적 탐색 프로그램을 작성하세요. 프로그램은 입력으로 처음그림판과 목표그림판이 주어집니다. 탐색과정에서 선택된 그림판배열이 목표그림판배열이면 프로그램을 종료하고, 처음그림판부터 목표그림판까지 빈칸을 어떻게 이동하면 되는지를 출력합니다.

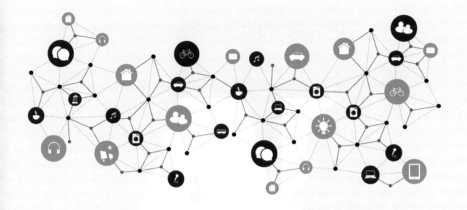

Artificial Intelligence

# CHAPTER 4

# 인간과 대결

알파고 프로그램은 혼자서 생각하고 판단해서 스스로 바둑을 두는 프로그램입니다. 이미 여러 버전이 개발되어 있고, 세계적인 바둑기사들과 실전을 벌여서 일방적으로 승리를 하고 있지요. 이와 같은 바둑프로그램을 개발한다고 생각해보세요. 지금까지 탐색 프로그램과는 조금 다르지요? 그림 퍼즐에서는, 그림 조각을 움직이면 다음 그림판은 어떻게 될지 예상할 수 있었어요. 바둑프로그램에서는 컴퓨터가 한 곳에 돌을 놓더라도, 상대편 사람이 어디에 돌을 둘 지 예상할 수가 없지요. 따라서 지금까지 소개한 탐색알고리즘은 적용할 수가 없어요.

이제 게임프로그램과 같이, 컴퓨터가 상대방이 어떻게 행동할까? 를 생각해서 문제를 풀어야 할 때 사용할 수 있는 알고리즘을 소개하지요. 이 알고리즘은 최소 최대 탐색 알고리즘이라고 불립니다. 왜 최소 최대라고 하는 지는 곧 설명하지요.

# 게임프로그램

컴퓨터가 상대방과 함께 하는 게임은 어떤 것이 있을까요? 무시무시하지만 영화에서처럼 사람과 싸우는 로봇은 이런 게임을 하고 있군요. 실제로 미래의 전쟁터에서 사용할 수 있는 로봇들은 많은 국가들에서 개발중이랍니다.

이러한 게임프로그램 개발은 인공지능연구의 중요한 한 영역이었으며, 현재까지의 기억할만한 프로그램들을 정리해보았어요.

1992년에 사람과 백가몬(backgammon)게임을 할 수 있는 **TD-가몬(gammon)**이라는 프로그램이 개발되었어요. 이 프로그램은 신경망 알고리즘을 사용하여 게임기술을 학습할 수 있어요.

1997년에 IBM에서 개발한 **딥블루(DeepBlue)** 체스게임 프로그램은 세계 체스 챔피언과의 6번의 경기에서 승리하였습니다.

IBM이 개발한 **왓슨(Watson)**은 사용자가 키보드를 통해 질문하면, 스스로 알맞은 답을 찾아 답변하는 프로그램입니다. 이때 질문은 검색시스템처럼 키워드로 입력하는 것이 아니라, 자연스러운 문장, 즉 자연어(natural language) 형식으로 주어진답입니다. 이 프로그램은 문장을 분석하여 질문자의 의도까지 알아낼 수 있도록 하였습니다. 2011년에 왓슨은 제퍼디(jeopardy)라는 퀴즈쇼에서 인간챔피언들과 3회 대결하고 우승하여, 백만불을 1등 상금으로 받았답니다. 굉장하지 않나요? 이 프로그램은 기계학습, 자연어 처리, 정보검색등의 기술이 모두 사용되었답니다.

2016년에 구글의 **딥 마인드(deep-mind)** 팀에서 개발한 **알파고(alphago)** 바둑 프로그램은 이세돌 기사를 이기게 됩니다. 이 게임은 당시 전 세계에서 2억명이 시청할 정도로 세계적인 주목을 끌었습니다. 게임에서 알파고의 승리는 인공지능의 위력을 일반인들에게 깨우쳐준 기념비적인 사건입니다.

사실 오래전부터 바둑게임 프로그램들은 개발되고 있었으나, 워낙 경우의 수가 많아서 이들은 모두 아마추어 수준이었답니다. 알파고 프로그램은 심층신경망과 탐색알고리즘을 사용하여 프로그램이 스스로 학습하여 점차 바둑 수준을 향상하도록 하였습니다.

## 끝말잇기 챔피언

AI월드베스트(Aiwordbest)사에서는 학생들을 위한 끝말잇기 프로그램인 '끝말 챔피언'을 개발하고 있어요. 이 프로그램은 사용자의 어휘 구사 수준에 맞추어 레벨이 정해진답니다. 지금은 레벨2의 프로그램을 코딩하고 있습니다. 컴퓨터도 레벨2의 단어 사전만 사용할 수 있어요.

이제 다음 경우를 생각해 볼까요?

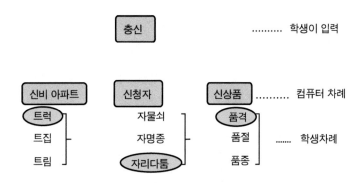

학생이 "충신"이라고 입력했군요. 프로그램은 신비아파트, 신청자, 신상품,...등으로 답할 수 있지요. 이 단어들 중에서 어느 것을 선택할까요? 각 단어에 대해 학생이 답할 단어들을 예상해 봅니다.

신비아파트라고 했을 때 예상되는 학생의 다음 단어는 트럭, 트집, 트림 등이 있군요. 만약 학생이 트럭이라고 답하면 좀 어렵군요.

프로그램이 신청자라고 했을 때 다음 단어를 예상해보았어요. 자물쇠, 자명종, 자리다툼등 이 있군요. 만약 자리다툼이라고 하면 마땅한 다음 단어가 없네요. 이것이 말로만 듣던 '한방단어'이군요. 신청자라고는 하지 말아야겠어요.

한방 단어

신상품이라고 했을 때 예상되는 품격, 품절, 품종 중에서 답하기 가장 어려운 단어가 품격같군요. 아마 학생은 품격을 택하겠지요. 그래도 격으로 시작하는 단어는 찾을 수 있을 것 같아요.

프로그램은 신상품을 선택합니다. 끝말챔피언이 단어를 선택하는 알고리즘을 정리해 볼 수 있나요? 10분만 생각해 보세요.

# 오목

'오목'이라는 바둑 게임을 사용해서 최소 최대 탐색 알고리즘을 설명합니다. 이 오목 게임을 잘 알지 못해도 좋아요. 알고리즘을 이해하기에 충분할 만큼, 오목 게임을 소개할테니까요.

오목 게임은 바둑과 같이 2명이 번갈아 가며 바둑판 위의 가로선과 세로선의 교차점에 자신의 돌을 놓지요. 검은 돌과 흰 돌의 2종류가 있고, 각 플레이어는 한 종류의 돌만 놓을 수 있어요. 가로, 세로, 혹은 대각선 방향으로 자신의 5개 돌을 먼저 나란히 놓는 사람이 승리하지요. 게임 중에는 상대편이 먼저 5개 돌을 나란히 만드는 것을 방지하는 곳에 자신의 돌을 놓는 전략도 필요해요.


## 승리 가능성

이 알고리즘도 경험적인 함수를 고안해야 합니다. 컴퓨터가 놓는 돌이 검은 돌이라고 가정하지요.

컴퓨터는 매번 자신이 둘 차례에, 자신에게 최고로 유리한 곳을 선택해서 돌을 두어야 합니다. 어느 곳이 유리한지, 어떻게 알 수 있을까요? 그 곳에 돌을 두었다고 생각할 때, 컴퓨터가 이길 가능성을 계산합니다.

컴퓨터가 지금 막 검은 돌을 두었다고 생각하지요. 이 때, 생기는 다음 몇 가지 바둑판 상황에서, 검은 돌이 이길 가능성을 비교해 보아요.

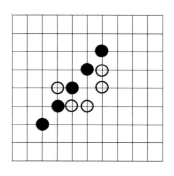

판 A. 검은 돌 5개의 줄

h(판 A)=5

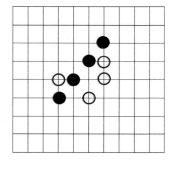

판 B. 검은 돌 4개의 줄

h(판 B)=4

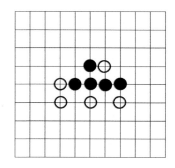

판 C. 검은 돌 4개의 줄 –한쪽 끝에 흰 돌

h(판 C)= 4-1 = 3

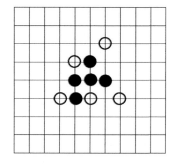

판 D. 검은 돌 3개의 줄

h(판 D)= 3

판 A는 5개의 검은 돌이 대각선 방향으로 놓여 있군요. 바로 승리! 게임 끝입니다. 판 B 는 4개의 돌이 대각선 방향으로 나란하지요? 이길 확률이 상당히 높은 판입니다. 실제로 상대편이 흰 돌을 대각선줄의 한쪽 끝에 두더라도, 다음 컴퓨터의 차례에 검은 돌 5개를 만들 수 있군요.

판 C는 4개의 돌이 가로 방향으로 나란하군요. 그런데 바둑판 B 와는 다르게 한쪽 끝에 하얀 돌이 놓여 있지요? 상대편이 흰 돌을 다른 쪽 끝에 두면 검은 돌이 5개가 되는 것을 막을 수 있어요. 판 D는 어떤가요? 제일 유리한 검은 돌의 줄은 가로 방향의 3개 돌 이군요. 상대편이 한쪽을 막지 않으면, 다음 컴퓨터의 차례에서 4개의 줄을 만들 수 있어 승리할 수 있습니다.

이제 이길 가능성이 높은 순서대로 정리해 볼까요?

바둑판 A → 바둑판 B → 바둑판 C 와 바둑판 D이군요.


## 경험적 함수 만들기

이길 가능성을 계산 할 수 있는 간단한 경험적인 함수를 만들어 보세요. 경험적 함수이니 역시 정확하지 않아도 좋겠군요. 경험적인 함수를 다음처럼 고안해 보았어요.

세로, 가로 혹은 대각선 방향으로 나란히 있는 검은 돌의 줄 중에서 **최대로 긴 줄**을 고릅니다. 이 줄의 검은 돌의 개수를 셉니다. 이 검은 돌의 개수에서, 줄의 끝을 막고 있는 흰 돌의 개수를 뺍니다.

바둑판 A는 최대로 긴 줄이 검은 돌 5개이고, 이 줄을 막고 있는 흰 돌이 없으니, 5-0=5 이군요. 판 B는 검은 돌의 개수가 4이고, 막고 있는 흰 돌이 없으니 4-0=4 입니다. 판 C는 최대로 긴 줄이 4개의 줄이고, 이 4개짜리 줄의 한쪽 끝을 흰 돌이 막고 있네요. 따라서 함수의 값은 4-1=3 이군요. 바둑판 D는 최대로 긴 줄이 가로로 3개의 줄이니, 3-0=3이지요.

자! 이제 이 경험적 함수를 h라고 부르고, 이 함수를 사용해서 바둑판의 승리할 가능성을 표기해 볼까요? 승리가능성을 계산하는 판을 ( ) 안에 씁니다. 위의 판 A, 판 B, 판 C, 판 D 에 대해 h 함수로 표기하면,

---

h(판 A)=5, h(판 B)=4, h(판 C)=3, h(판 D)=3

---

이 되는군요. 판 A의 경험적 함수 값이 가장 크니까 이길 가능성이 가장 높다고 판단합니다.

이제부터 이 경험적 함수를 사용하여 알고리즘을 설명합니다. 오목이 잘 이해되지 않더라도, h함수를 계산하는 법만 알면 되니, 걱정하지 마세요. 단, 알고리즘을 이해하기 쉽게, 가로로 8줄, 세로로 8줄인 작은 바둑판에서 오목을 두겠습니다.

## 최소 최대 탐색 알고리즘

이 알고리즘도 우선 큰 종이를 준비합니다. 현재 바둑판 상황이 판 X라고 생각해 보죠. 지금은 컴퓨터가 검은 돌을 둘 차례입니다. 검은 돌을 둘 위치를 결정하기 위해, 다음의 1단계부터 5단계까지의 과정을 거칩니다.

### 1단계. 컴퓨터가 머리 속에서 돌을 두어 봐요.

컴퓨터가 둘 수 있는 모든 위치마다, 검은 돌을 두었을 때 만들어지는 다음 판들을 판 X 아래에 그립니다. 그림에서는 용지의 크기가 제한되어 있어서, 판 A, 판 B, 판 C, 판 D만 그렸습니다. 다른 경우는 없다고 가정하지요.

최소 최대 탐색

판X: 3

판D: 2

판C: 2

판B: 3

판A: 2

최대값 선택

최소값 선택

판A1 :2 판A2: 3 판B1: 3 판B2: 4 판C1: 2 판C2: 3 판D1: 2 판D2: 3

## 2단계. 상대편이 둘 수 있는 모든 경우를 예상해 보아요.

1단계에서 그린 각 판의 아래에, 상대편이 다음 차례에 흰 돌을 둘 수 있는 모든 경우를 예상하여 다음 판을 그립니다. 즉, 그림의 판 A 아래에는, 판 A 에 상대편이 흰 돌을 두었을 때의 결과인 판 A1, 판 A2,...를 그려둡니다. 또 판 B 아래에는 판 B에 상대편이 흰 돌을 두었을 때의 결과인 판 B1, 판 B2,...를 그립니다. 판 C, 판 D에 대해서도 상대편이 흰 돌을 두었을 때의 결과 바둑판들을 아래에 그립니다. 역시 그림에서는 종이의 크기가 제한되어 있어서, 예상되는 판들 중에서 몇 개만 그렸답니다. 다른 경우는 없다고 가정하지요.

## 3단계. 경험적 함수값 계산하기

그림에서, 상대편이 두어서 만들어지는 바둑판들 즉 판 A1, 판 A2, 판 B1, 판 B2, 판 C1, 판 C2, 판 D1, 판 D2의 경험적 함수 값을 구하여 기록합니다. 판 A1 은 제일 긴 검은 돌의 줄이 검은 돌 4개이고 막고 있는 흰 돌이 2개이니, h(판 A1)= 4-2=2 이군요. 판 A2에서는 제일 긴 검은 돌의 줄은 4개이고, 막고 있는 흰 돌은 1개이니, h(판 A2)=4-1=3 입니다. 판 B1에서는 제일 긴 검은 돌의 줄이 검은 돌 4 개이고, 막고 있는 흰 돌이 1개이니 h(판 B1)=4-1=3 이군요. 판 B2에서는 4개짜리 줄을 막고 있는 흰 돌이 없으니, h(판 B2)=4입니다. 같은 방법으로 계산하면, h(판 C1)=2, h(판 C2)=3, h(판 D1)=2, h(판 D2)=3입니다.

## 4단계. 최소값 선택하기

이제 판 A의 아래에 있는 A1, A2 중에서 경험적 함수값이 최소인 판을 선택합니다. 왜일까요? 상대편은 컴퓨터가 만약 판 A로 가면, 컴퓨터에게 제일 불리한 판, 즉 함수 값이 제일 적은 판으로 돌을 두어 이동하겠지요. 즉, 판

A로 가면, 상대편은 최소값을 갖는 판 A1으로 이동합니다. 이 판 A1의 값 2를 판 A에 기록합니다. 즉 컴퓨터에게는 판 A의 이길 가능성이 2인 셈이죠.

마찬가지로 컴퓨터가 판 B로 이동하면, 상대편은 판 B1, 판 B2 중에서 컴퓨터에게 가장 불리한 상태인 판 B1으로 이동하겠죠. 판 B1, 판 B2 중에서 경험적 함수값이 최소인 판 B1의 값 3을 판 B에 기록합니다.

같은 방식으로 판 C1, 판 C2들의 경험적함수값 중에서 최소값 2를 판 C에 기록합니다. 판 D1, 판 D2의 함수값 중에서 최소값 2를 판 D에 기록합니다. 이 단계를 **최소값(Minimum)**을 구하는 단계라고 하지요.


### 5단계. 최대값 선택하기

판 A, 판 B, 판 C, 판 D에는 4단계에서 구해진 최소값이 기록되어 있습니다. 이 중에서 컴퓨터는 자신에게 가장 유리한 판을 고르면 되겠지요. 즉, 경험적 함수값이 최대인 판을 선택합니다. 판 B가 함수값이 3으로 최대이니, 선택되는군요. 이 단계에서는 **최대값(Maximum)**을 구하는 군요.

이제 컴퓨터는 선택한 판 B가 되도록 검은 돌을 두면 됩니다!

컴퓨터는 검은 돌을 두고서 상대편이 돌을 두기를 기다립니다. 상대편이 흰 돌을 두고 난 다음에는 또 다시 앞의 1단계부터 5단계까지를 반복하여 컴퓨터가 검은 돌을 둘 위치를 결정합니다. 어렵지 않지요?

이제 이 알고리즘이 왜 최소 최대 탐색알고리즘으로 불리는 지 짐작이 되나요? 4단계에서는 최소값을 구하고, 5단계에서는 이들 값들 중에서 최대값을 구합니다. 머리글을 따서 붙이면, 최소 최대가 되는군요. 영어로도 머리글자를 따서 **mini-max 알고리즘**으로 불립니다.

# 코딩

1. 검은 돌과 흰 돌이 놓여 있는 현재의 바둑판을 2차원 배열로 저장해보세요. 검은 돌은 1로 나타내고, 흰 돌은 0으로 나타냅니다. 또 아무 돌도 놓이지 않은 곳은 2로 둡니다. 바둑판은 가로로 8줄, 세로로 8줄의 작은 바둑판입니다.

2. 저장된 현재의 바둑판 배열에서 가로방향으로 연달아 놓여있는 2개 이상의 검은 돌을 찾아보세요.

3. 저장된 현재의 바둑판배열에서 대각선 방향으로 연달아 놓여있는 2개 이상의 검은 돌을 찾아보세요.

4. 저장된 현재의 바둑판배열에서 세로방향으로 연달아 놓여있는 2개 이상의 검은 돌을 찾아보세요.

5. 위에서 구한 가로방향, 세로방향, 대각선 방향의 검은 돌의 줄 중에서 가장 긴 줄을 찾아내고, 그 줄의 양 끝에 검은 돌을 놓을 수 있는지를 검사하는 프로그램을 작성하세요.

6. 현재 바둑판의 승리가능성을 계산하는 프로그램을 작성하세요.

7. 배열로 저장된 바둑판에서, 가장 긴 검은 돌의 줄부터 시작하여 그 줄의 양쪽 끝중 한 곳에 검은 돌을 두는 프로그램을 작성하세요. 만약 가장 긴 줄의 양쪽 끝이 모두 흰 돌로 막혀있다면, 다음으로 긴 줄을 선택해서 한 쪽 끝에 검은 돌을 두세요. 프로그램은 검은 돌이 1개 추가된 새로운 바둑판을 출력합니다.

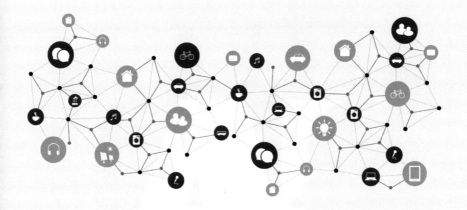

Artificial Intelligence

# CHAPTER 5

# 코로나에 걸렸나요?

Artificial Intelligence

참말과 거짓말

명제

아기 상어와 뽀로로

　논리연산자

　진리표

지식베이스 시스템

　영화구경을 갈까요?

　경보기를 울려라

　코로나 진단

　　드 모르간 법칙

　　증명트리

코딩

나는 현재 개발중인 코로나의 치료제 원료를 구하러 노르웨이에서 5일 전에 한국으로 왔어요. 원료인 이 붓꽃은 전 세계에서 유일하게 강원도의 깊은 산 속에만 있어요.

공항 입국장의 방역요원이 이곳 격리시설로 데려다 주었어요 .2주 동안 외출이 금지되어 이 건물에만 있지요. 아! 그런데 어제부터 머리가 깨질 듯이 아파요. 코로나에 걸린 것은 아닌지 덜컥 겁이 나네요.

한국에서 최근 개발된 코로나 진단 인공지능시스템이 정확하게 진단한다는 군요. 먼저 한국에 온 내 친구 테일러는, 코로나 발병 초기에 이 시스템으로 진단을 받을 수 있어서 쉽게 나앗다는군요. 이 시스템에 접속해 봅니다. 시스템이 이름을 묻네요. 이름을 키보드로 입력합니다. "미쉘"

## 참말과 거짓말

인공지능의 기호주의자들은 지식을 기호로 표현하기 위해 많은 노력을 기울였지요. 또한 '표현된 지식을 컴퓨터 메모리에 어떻게 저장할까?', '주어진 문제를 해결하기 위해 어떻게 저장된 지식을 활용할까?' 등을 함께 고민해 왔어요.

기호주의자들은 논리학에 주목했어요. 논리학은 어떤 문장이 **'참'(true)**이냐, **'거짓'(false)**이냐를 판단하려고 노력하지요. 즉, 여기서 '참'이란 것은 참말 이라고 생각하면 되요. "내일도 해가 뜬다"라는 세연이의 말은 '참'입니다. 반대로 "자동차 바퀴는 항상 5개야" 라는 말은 거짓말이지요.이 문장은 '거짓'입니다. 컴퓨터에서 사용하는 이진법에서는 '참'을 숫자 1로 나타내고, '거짓'은 0으로 나타낼 수 있으니 제격이군요.

## 명제

인공지능에서 수십 년의 연구를 통해 개발되고 활발히 사용되는 **명제 논리**의 지식 표현방식을 살펴봅니다. 이 방식은 지식들 중에서 우선 참인 문장들(참말), 혹은 거짓인 문장들(거짓말)을 지식의 가장 작은 단위로 봅니다. 이 참말 혹은 거짓말을 명제(proposition)라고 하지요. 명제들은 기호로 표기됩니다. 이들 기호들을 **명제 변수**라고 하지요.

## 아기 상어와 뽀로로

AI 초등학교에서는 올해 초 학생 생활지도를 위해 인공지능시스템을 설치하였죠. 각 학생들의 정보가 지식베이스에 저장되어 있어요. 학생들의 취미 정보를 기록하기 위해 P, Q, R, M, N 명제 변수들을 사용했어요. 각 명제 변수는 다음의 명제를 나타냅니다.

- **P** : 아기 상어 캐릭터를 좋아한다.
- **Q** : 용돈이 많다.
- **R** : 아기 상어 캐릭터 인형을 산다.
- **M** : 용돈이 만원 이상이다.
- **N** : 뽀로로 캐릭터를 좋아한다.

앞으로 Q라고 쓰면 이는 '용돈이 많다'라는 명제를 뜻하지요.

## ■ 진리값

3월초에 선생님이 초롱 학생을 면담한 후에, 초롱이의 취미데이터를 초롱이의 지식베이스에 저장했어요. 이 지식베이스에는 P와 Q가 저장되어 있군요.

그런데 5월에 다시 면담하였더니, 상황이 조금 바뀌었네요. 초롱은 아기 상어 캐릭터를 여전히 좋아하는데, 용돈이 부족해요. 이때의 지식베이스를 검토해볼까요? 명제 변수 P의 값은 얼마일까요? 초롱이가 아기 상어 캐릭터를 좋아한다고 했으니, P와 같이 말하는 것은 참말을 하는 것이지요. 이때 P 변수의 **진리값(truth value)**이 참, 혹은 1 이다라고 합니다. 반대로 초롱은 용돈이 부족하다고 했으니, Q는 거짓말입니다. 이때 Q의 진리값은 거짓, 혹은 0 이라고 합니다. 즉 명제 변수는 참말이냐, 거짓말이냐에 따라 1 혹은 0의 진리값을 가집니다.

지식베이스에는 항상 참말만 기록하니까, 선생님은 Q를 지식베이스에서 없애고, ~Q를 등록합니다. P는 참말이니, 지식베이스에 그대로 남겨두어도 되겠군요. 여기서 ~ 기호는 곧 이어서 설명된답니다.

## 논리연산자

"아기 상어 캐릭터를 좋아하고 용돈이 많으면, 아기 상어 캐릭터 인형을 산다" 라는 문장을 명제 변수만 사용하여 표현할 수 있나요?

이제 명제들을 연결하여 좀 더 복잡한 문장들을 만들어 낼 수 있어야 하겠어요. 이때 연결시켜주는 기호를 논리 연산자(logical operator) 라고 합니다.

이제 인공지능 논리에서 사용되는 연산자들을 설명하고, 이 연산자들을 사용해서 복잡한 문장을 논리식이라는 수식으로 표기할 꺼예요.

우리가 일반적으로 쓰는 계산식에서는 덧셈, 곱셈, 뺄셈, 나눗셈의 연산이 있고, 이 연산들은 +, ×, -, ÷등의 기호로 표기되지요. 명제논리에서의 논리식에서 사용되는 연산자와 이들의 기호는 다음과 같은 것들이 있어요.


- 논리부정(NOT) : ~
- 논리곱(AND) : ∧
- 논리합(OR) : ∨
- 함의(Imply ) : →


이제 각 연산자의 역할을 살펴볼까요?


## 논리부정(NOT)

어떤 명제의 '부정'은 그 명제의 반대를 말하는 것이지요. "아기 상어 캐릭터를 좋아한다" 라는 P 명제의 부정은, P 명제의 반대를 말하는 것으로, "아기 상어 캐릭터를 좋아하지 않는다" 라는 것이지요. 흔히 명제의 뒤에 "...않아"라는 단어를 추가하여 부정적인 명제를 말합니다. 명제 변수의 앞에 ~를 붙여 부정을 표기하지요.

- **~P**: 아기 상어 캐릭터를 좋아하지 않는다.
- **~Q**: 용돈이 많지 않다.
- **~R**: 아기 상어 캐릭터 인형을 사지 않는다.

자, 이제 부정이 포함된 논리식의 진리값을 볼까요?

P 가 거짓일 때 ~P의 진리값은 얼마일까요? P라고 말한 것이 거짓말이라고 하니, 아기 상어 캐릭터를 좋아하지 않는군요. 그럼 ~P , 즉, "아기 상어 캐릭터를 좋아하지 않아"라고 말하는 것은 참말을 하는 것이지요? 즉, ~P의 진리값은 참입니다.

반대로 P가 참일때는 ~P는 거짓이 되겠지요?

즉, 아기 상어 캐릭터를 좋아한다가 참말이니, ~P(아기 상어 캐릭터를 좋아하지 않는다)는 거짓말입니다.

명제 변수가 어떤 값을 가질때,논리식의 진리값을 표로 정리한 것을 **진리표 (truth table)**라고 합니다. 부정연산자의 진리표는 다음과 같네요. 표에서 세로 줄을 열이라고 하고, 가로 줄을 행이라고 합니다. 이 표의 제일 위의 가로 줄은 각 열이 어떤 논리식의 진리값인지를 나타냅니다. 이 표의 왼쪽 열은 P의 진리값을 보이네요. 오른쪽 열은 ~P의 진리값을 나타냅니다. 첫째 행은 "P가 참일 때는 ~P는 거짓이 된다"는 것을 알려줍니다. 둘째 행은 "P 가 거짓일 때는 ~P는 참이 된다"라는 것을 알려주는군요.

| P | ~P |
|:-:|:-:|
| 참 | 거짓 |
| 거짓 | 참 |

논리 부정의 진리표

## 논리곱(AND)

논리곱 연산자는 두개의 문장이 모두 참말이라고 주장하는 것이지요. 즉, "아기 상어 캐릭터를 좋아하고, 또 용돈도 많다" 라고 말하는 것이지요. 논리곱은 기호 ^로 표기되고, 명제 변수들 사이에 이 기호를 추가합니다. "...하고", 또는 " ...고" 의 단어들이 문장에 있으면 논리곱을 사용합니다. 앞의 문장은 P ^ Q 의 논리식으로 표기되겠군요.

자, 그러면 논리곱이 포함된 논리식의 진리값은 무엇일까요?

P 가 거짓이고, Q 가 거짓일 때를 생각해 보아요. 아기 상어 캐릭터를 좋아하지 않는군요. 또 용돈이 많지 않군요. 이때, "아기 상어 캐릭터를 좋아하고, 또 용돈도 많다" 라고 말하는 것은 거짓말이지요? 따라서 P ^ Q 는 거짓입니다.

다음 P 가 참이고, Q는 거짓일 때, P ^ Q의 진리값은 얼마일까요? 거짓이라고 답하는 학생들은 참 잘하고 있네요. 아직 잘 이해되지 않는 학생들은 논리가 처음이어서 그런거예요. 여러분을 생각해보세요. 내가 아기 상어 캐릭터는 좋아하지만 용돈이 없어요. 즉, P는 참, Q 는 거짓 이지요. 이때 "나는 아기 상어 캐릭터도 좋아하고, 용돈도 많아" 라고 말하는 것은 분명 거짓말이지요?

다음 P가 거짓이고, Q가 참일 때 P ^ Q 의 진리값은 무엇일까 생각해 보세요. 맞아요. 거짓입니다.

마지막으로 P가 참이고, Q 가 참일때, P ^ Q 는 참말인가요? 거짓말인가요? 참이지요? 이제 논리곱 연산자의 논리식의 진리값을 표와 같이 정리했습니다. 이 표에서는 왼쪽 첫째 열이 P의 진리값을 나타내고, 둘째 열이 Q의 진리값을 나타냅니다. 제일 오른쪽 열이 P ^ Q의 진리값을 나타냅니다. 첫째 행에서 P가 거짓, Q가 거짓일 때에는 P ^ Q는 거짓이 된다라고 하는군요.

| P | Q | P^Q |
|---|---|---|
| 거짓 | 거짓 | 거짓 |
| 거짓 | 참 | 거짓 |
| 참 | 거짓 | 거짓 |
| 참 | 참 | 참 |

논리곱 진리표

## 논리합(OR)

논리합 연산자는 V 로 표기되고, P V N 논리식은 " 아기 상어 캐릭터를 좋아하거나, 혹은 뽀로로 캐릭터를 좋아해" 라고 말하는 것이지요. 또는, "아기 상어 캐릭터 혹은 뽀로로 캐릭터를 좋아해." 라고 말하는 것이예요. 즉, P 아니면 N중 하나는 참이야 라고 주장하는 것이지요. 문장에서 "...거나", "혹은" 이라는 단어가 포함되면 논리합 연산자가 사용됩니다. 이 논리식의 진리값을 생각해 볼까요?

초롱이는 아기 상어 캐릭터와 뽀로로 캐릭터를 모두 좋아하지 않아요. 그러면 P는 거짓 이고, N도 거짓이지요. 당연히 P V N 은 거짓이겠군요. 이것이 논리합 진리표의 첫째 행에 기록되어 있지요?

초롱이가 아기 상어 캐릭터는 좋아하지만 뽀로로 캐릭터는 싫어해요. 이 때에는 P는 참이고 N은 거짓이지요. 이 때에는 둘중 한 개의 캐릭터는 좋아하니, P ∨ N은 참이군요. 진리표의 셋째행에 기록되어 있군요.

만약 아기 상어 캐릭터와 뽀로로 캐릭터를 모두 좋아한다면, P ∨ N 은 참이군요. 표의 제일 아래 행은 P가 참, N가 참일 때에는 P ∨ N도 참이다라고 하는군요.

| P | N | P ∨ N |
|---|---|---|
| 거짓 | 거짓 | 거짓 |
| 거짓 | 참 | 참 |
| 참 | 거짓 | 참 |
| 참 | 참 | 참 |

논리합 진리표

## 함의(imply)

지식들 중 "만약 M이 참이면 Q가 참이다 " 형식의 문장을 나타내는 연산자입니다. 기호로는 M → Q라고 표기하며, 이때 M을 **전제(premise)**라고 하고, Q를 **결론(conclusion)**이라고 합니다. 주로 "...이면...이다" 형식의 문장일 때 함의 연산자를 사용하고, 연산자는 → 기호로 표기합니다.

이 함의 논리식은, 흔히 M 이 참일 때, Q도 참이 된다는 잘 알려진 규칙을 이용해서 문제의 답을 구하는 목적으로 사용됩니다. AI 초등학교에서는

"용돈이 만원 이상이면, 용돈은 많다" 라는 학생지도 규칙이 있어요. 이 규칙은 M → Q 라고 지식베이스에 저장됩니다. 지식베이스에는 현재까지 알려진 참인 논리식이 저장된다고 했지요?.

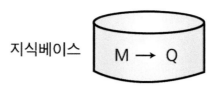

선생님이 6월에 초롱이와 면담을 했어요. 용돈이 15,000원 이라는군요. 그러면 M은 참이지요. 이 M을 지식베이스에 저장합니다. 이제 지식베이스는 다음과 같이 확장되는군요.

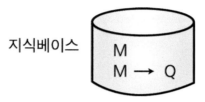

## 추론 규칙

지금까지의 지식베이스는 선생님이 기록한 지식들입니다. 함의 논리식과 이 논리식의 전제가 동시에 저장되어 있군요. 인공지능 알고리즘은 M → Q 가 참이고 전제부 M 이 참이니 결론 Q가 참인 것을 알아냅니다. 이와 같이 함의 논리식과 전제로부터 함의의 결론을 만들어 내는 알고리즘을 추론 규칙(inference rule)이라고 합니다.

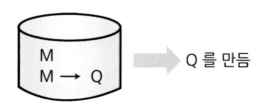

이 유도된 Q를 추론 알고리즘에서 스스로 지식베이스에 저장합니다. 이제 지식베이스는 다음과 같군요.

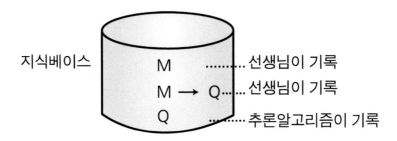

이제 지식을 논리식으로 표현하여 저장하고, 이 지식을 사용하여 문제를 해결하는 **지식기반의 시스템(knowledge based system)**들을 몇 가지 소개합니다.

## 영화 구경을 갈까요?

AI 대학교에서는 학생들의 생활지도를 하기 위한 시스템을 개발하고 있어요. 인공지능 과목을 수강하는 학생들을 조사했더니, 흥미로운 사실을 발견했어요. A 학점을 받은 모든 학생들은 토요일에는 영화 구경을 가는군요. 인공지능과목은 시험성적이 90점이상이면 A학점을 받아요. 세연은 이번 학기, 인공지능 시험성적이 95점이군요.

이제 지식을 논리식으로 표현하고, 세연이 토요일에 영화구경을 갈 것 인가?를 예측해 보아요.

■ 지식베이스 설계

1. 우선 필요한 명제변수들을 정의합니다.

   Q: 시험 성적이 90점 이상이다.

   R: 학점이 A학점이다.

   M: 토요일에 영화 구경을 간다.

2. 이제 기호들을 사용하여, 알려진 지식을 논리식으로 나타냅니다. 다음
   2개의 함의 형식의 규칙이 알려져 있군요.

   규칙 1: 시험성적이 90점 이상이다. → A 학점이다.

   규칙 2: A학점이다. →토요일에 영화구경을 간다.

   이 규칙들을 논리식으로 표현하여 지식베이스에 기록합니다.

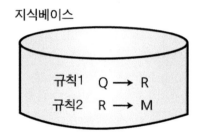

또 세연의 성적이 95점이라고 했으니, Q는 참이지요. Q를 지식베이스
에 기록합니다.

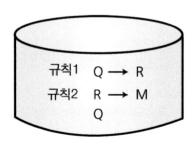

■ 추론

다음은 지식 베이스에 추론 규칙을 반복적으로 적용하여 답을 유도합니다.

1. 규칙1과 Q가 참이니, 추론 규칙을 적용하면 R이 만들어지지요. 유도된 R을 지식베이스에 등록합니다.

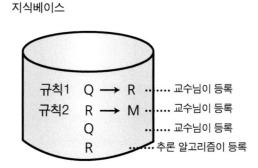

2. 규칙2와 R이 지식베이스에 있군요. 추론 알고리즘이 M 이 참이 되는 것을 알아차리고, M을 지식베이스에 등록합니다.

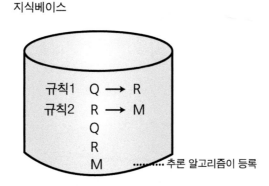

이제 시스템은 M이 참이 되는 것을 알고서 다음과 같이 말합니다.

"세연이는 영화 구경을 가겠군요."

## 경보기를 울려라

집에 인공지능 감시 장치가 설치되어 있어요.

창문에는 접촉 센서라고 하는 전자장치를 연결해 두어서, 문이 열리면 참, 아니면 거짓의 값을 컴퓨터로 전달하지요. 거실 천장에는 연기센서가 있어서, 불이 나서 연기가 조금이라도 발생하면 참, 아니면 거짓의 값을 컴퓨터에 전달하지요. 이 감시 장치는 다음의 규칙에 의해 작동됩니다.

감시 장치가 켜져 있고, (창문이 열려 있거나, 연기가 나면 ) 경보기를 울려라.

지금 감시 장치가 켜져 있고, 창문이 열려 있군요. 경보기를 울려야 할까요?

## ■ 지식베이스 설계

1. 우선 어떤 명제들이 있을까요? 감시 장치 설명서에 기술된 지식을 표현하기 위한 명제들을 정의합니다.

   B: 감시 장치가 켜져 있다.

   C: 창문이 열려있다.

   D: 연기가 난다.

   E: 경보기를 울린다.

2. 이제 이 명제 변수들을 이용해 논리식을 세워 보세요.

   감시 장치의 규칙은 " ...이면 ...울려라"라는 함의 형식이군요. 전제 → "경보기를 울린다." 즉, 전제 → E의 형식입니다. 이제 전제를 좀 더 자세히 볼까요. 우선, 감시장치가 켜져 있어야 하는 군요. 이는 B 로 나타낼 수 있군요. 그 다음 문장에 "창문이 열려 있거나 연기가 난다" 는 바로 논리합 C ∨ D 로 나타낼 수 있지요. 최종적으로 전제는 B ∧ (C ∨ D) 이 되는 군요.

   따라서 감시 장치의 지식은

   [B∧(C ∨ D)] → E 으로 표현됩니다.

## ■ 추론

지금 감시장치가 켜져 있고, 창문이 열려 있군요.

- 그러면 B는 참, C는 참이 되지요. D의 값은 몰라도 좋습니다.
- 우선 논리합 C ∨ D는 참이지요.
- 따라서 B∧(C ∨ D)의 논리곱에서 B도 참이고, C ∨ D 도 참이니 논리곱은 참입니다.

- 함의의 전제인 [B∧(C ∨ D)]가 참이니 결론부인 E가 참이되는군요. 또다시 추론 규칙이 적용되었지요?
- 결론부 "경보기를 울린다" 가 참이 되어 요란한 소리가 나겠네요.

## 코로나 진단 시스템

인공지능개발 회사에 다니는 세연이의 팀은 코로나 진단 시스템을 만들었어요. 이 시스템의 지식베이스를 만들기 위해 여러 의사 선생님들과 면담을 했답니다. 면담한 내용들을 정리했더니 다음과 같았어요.

"체온이 낮고 호흡기 증상이 없는 사람을 무증상자라고 한다. 그렇지 않으면, 무증상자가 아니다. 만약 무증상자가 아니면 코로나 검사를 받게 하세요. 만약 위험 국가로 여행을 다녀왔으면 격리하세요. 격리중에 콧물이 나고 두통이 있으면 코로나 검사를 받게 하세요. 기침이 계속 나거나 호흡이 곤란하면 호흡기 증상이 있다."

### ■ 지식베이스 설계

면담내용을 바탕으로 시스템의 지식베이스는 다음처럼 설계되었어요.

**1단계. 우선 명제 변수들을 정의했어요.**

> M 체온이 낮다.
>
> N 호흡기 증상이 없다.
>
> Q 무증상자이다.
>
> R 코로나 검사를 받는다.
>
> S 위험국가로 여행을 다녀왔다.

J 격리한다

W 콧물이 난다.

E 두통이 있다.

G 기침을 계속 한다.

H 호흡이 곤란하다.

**2단계. 면담한 내용의 각 문장을 명제 변수들을 사용하여 논리식으로 표현했어요.**

1.  체온도 낮고 호흡기 증상이 없는 사람을 무증상자라고 한다.

    $(M \wedge N) \rightarrow Q$

2.  그렇지 않으면 무증상자가 아니다.

    $\sim(M \wedge N) \rightarrow \sim Q$

    여기서 전제부는 무슨 뜻일까요? "체온도 낮고, 호흡기 증상이 없다"의
    부정이죠? 이것의 부정은 "체온이 높거나, 혹은 호흡기 증상이 있다."
    입니다. 명제 변수를 사용하면 $\sim M \vee \sim N$ 이랍니다. 정리하면,

    $\sim(M \wedge N) = \sim M \vee \sim N$ 입니다.

    이 관계를 유명한 드 모르간의 법칙(De Morgan's law)이라고 합니다.

    따라서 위의 논리식을

    $(\sim M \vee \sim N) \rightarrow \sim Q$

    으로 다시 쓸 수 있군요.

3. 만약 무증상자가 아니면 코로나 검사를 하세요.

   ~Q → R

4. 만약 위험 국가로 여행을 다녀왔으면 격리하세요.

   S → J

5. 격리 중에 콧물이 나고, 두통이 있으면 코로나 검사를 받게 하세요.

   (J^W^E) → R

6. 기침이 계속 나거나 호흡이 곤란하면 호흡기 증상이 있다.

   (G ∨ H) → ~N

이 시스템은 성공적으로 개발되어, 인터넷을 통해 사람들을 진단하고 있어요. 아직까지는 사람들의 평판이 좋군요. 시스템을 보완할 필요가 있는지 알기 위해, 메모리에 저장된 과거의 실제 진단사례들을 조사해 보았어요.

■ 첫째 사례

2020년 4월에 테일러라는 사람이 접속했었군요.

"기침이 계속 납니다. 코로나 검사를 받나요?" 라고 물었네요.

 메모리에 저장된 추론 과정을 읽어 보면, 시스템이 어떻게 답했는 지를 알 수 있겠군요. 저장된 추론 과정이 다음과 같네요.

1. 테일러는 기침이 계속 나는군요. 즉 G 가 참이죠.

   G를 지식베이스에 등록합니다.

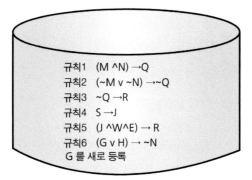

지식베이스

규칙1 (M ∧N) →Q
규칙2 (~M v ~N) →~Q
규칙3 ~Q →R
규칙4 S →J
규칙5 (J ∧W∧E) → R
규칙6 (G v H) → ~N
G 를 새로 등록

2. 새로 등록된 G 에 의해 규칙6의 전제가 참이 되는군요. 즉, 규칙6 와 G
에 추론 규칙을 적용하면 ~N 이 참이죠. 즉, 호흡기 증상이 있군요. ~N
을 지식베이스에 등록합니다.

지식베이스

규칙1, ...., 규칙6
~G
~N 를 새로 등록

3. 규칙 2와 ~N 에 추론 규칙을 적용하면, ~Q가 참입니다. 즉, 무증상자가
아니라고 하는군요. 지식베이스에 ~Q를 추가합니다.

지식베이스

규칙1, ...., 규칙6
~G
~N
~Q 를 새로 등록

4. 규칙 3과 ~Q에 추론 규칙을 적용하면, R이 참이 됩니다. 또 지식베이스에 추가해야 하겠죠?

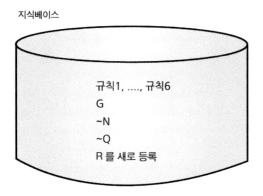

5. 지식베이스에 R이 참이라고 등록되었군요. 이제 시스템은 테일러에게 R을 알려줍니다.

    "테일러, 코로나 검사를 받으세요."

## 증명트리

인공지능에서는 이러한 추론 과정을 증명 트리(proof tree)라고 하는 컴퓨터 자료구조를 이용하여 알기 쉽게 보인답니다. 이 트리에서 각 네모는 논리식을 나타내고 네모는 **노드(node)**라고 불립니다. 화살표를 **에지(edge)**라고 하고, 에지가 시작되는 두개 노드로 부터 에지가 끝나는 노드의 논리식을 유도하는 것을 보입니다. 즉, G 논리식과 규칙6의 논리식으로부터 추론 규칙을 적용하여 ~N을 유도하는 것을 나타냅니다. 제일 아래에 있는 노드R을 근 **(root)노드**라고 하고, 최종적으로 추론된 논리식을 나타냅니다.

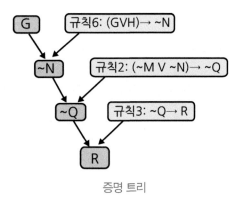

증명 트리

## ▪ 둘째 사례

2020년 5월에 미쉘이란 사람이 접속했었군요. 다음처럼 질문했군요.

"위험국가로 여행을 다녀왔어요. 두통이 있어요. 코로나 검사를 받아야 하나요?"

인공지능의 추론과정은 다음과 같이 메모리에 저장되어 있군요.

1. 미쉘은 위험국가로 해외여행을 다녀왔고, 두통이 있군요. 즉, S가 참이고, E가 참이군요.

지식베이스

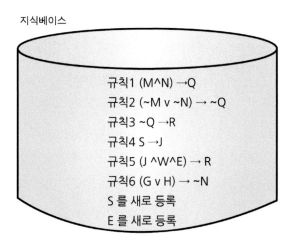

규칙1 (M^N) →Q
규칙2 (~M v ~N) → ~Q
규칙3 ~Q →R
규칙4 S →J
규칙5 (J ^W^E) → R
규칙6 (G v H) → ~N
S 를 새로 등록
E 를 새로 등록

2. 규칙4와 S 에 추론 규칙을 적용하면 J가 참이 되는군요. 흠, 미쉘은 격리
   된 상태이네요.

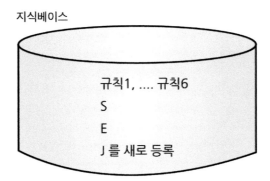

3. 추론 규칙을 적용할 수 있는 논리식의 쌍이 있는지 검사해봅니다. 규칙5
   의 전제를 보니, 지식베이스에 J와 E는 참값으로 등록되어 있으나, W가
   없군요. 즉 W가 참인지 아직은 모릅니다. 따라서 더 이상 추론 규칙을
   적용할 수 없군요.

4. 미쉘에게 상투적인 조언을 할 수 밖에 없겠군요.

   "미쉘, 몸조심하세요"

   아무래도 시스템에 새로운 기능을 추가해야 하겠어요. 이 기능이 추가
   되면, 정확한 진단을 위해 규칙5의 전제인 W의 진리값을 미쉘에게 직
   접 물어본답니다.

   "미쉘, 그런데 콧물은 어때요?"

# 코딩

1. 사용자로부터 논리식을 입력하여 지식베이스에 저장하는 프로그램을 작성하세요. 작성된 프로그램으로 3개의 논리식 $A$, $A \rightarrow B$, $C \rightarrow D$를 차례대로 입력하여 지식베이스에 저장하세요.

2. 저장된 논리식에 추론규칙을 적용하여 새로운 논리식을 만들어내는 추론 프로그램을 작성하세요. 즉 함의 논리식의 전제가 지식베이스에 있는지를 알아내고, 있다면 함의논리식의 결론을 지식베이스에 저장합니다.

   작성한 프로그램이 위에서 저장된 3개의 논리식으로 부터 $B$를 유도하여 저장하는지 확인하세요.

3. 세연이가 영화구경을 갈 것인가를 예측하는 지식기반 시스템프로그램을 작성해보세요.

   ① 작성된 프로그램을 실행하여, 사용자로부터 영화구경문제의 지식을 논리식으로 입력받아서, 지식베이스에 저장하세요.

   ② 프로그램이 $M$을 유도하는지 확인하세요.

4. 일반적인 지식기반시스템을 프로그램 해보세요.

   ① 사용자가 논리식들을 프로그램에 입력합니다. 이 논리식들은 초기 지식으로써 프로그램이 지식베이스에 저장합니다.

   ② 이후 추론 프로그램이 반복적으로 새로운 논리식을 유도하여 지식베이스에 저장합니다. 더 이상 새로운 논리식이 만들어 지지 않으면 프로그램을 종료합니다.

   ③ 만들어진 프로그램을 코로나 진단 문제의 테일러 사례에 적용해서 $R$이 유도되는지 확인해보세요.

Artificial Intelligence

# CHAPTER 6

# 좀비와 의료진

Artificial Intelligence

확률

좀비를 만날 확률

벤다이어그램

좀비의 냄새

의료진의 냄새

좀비, 의료진?

베이지언 분류

베이즈 정리

기상데이터

스팸필터링

코딩

연봉을 많이 준다기에 코로나 치료제 개발연구소에서 좀비 치료제를 개발하는 제약 회사로 옮겼어요. 아직도 코로나는 유행이지만 나는 코로나에 걸리지는 않았군요. 외딴섬에서 최근 개발된 치료제의 임상실험을 시작한지 한달이 다 되어 갑니다.

큰일 났어요! 건물에 가둬둔 좀비가 철망을 부수고 모두 탈출했어요. 달빛도 어두운 그믐밤이네요. 이 섬에는 주민은 없고, 나를 포함한 의료진이 5명, 좀비가 15명이 있어요. 의료진이 각자 흩어져서 좀비를 찾고 있어요. 이 실험용 좀비들은 임상실험을 위해 잡아 들여야 해요. 최근 개발된 전자총은 좀비를 잠시 동안 마비시킬 수 있어요. 그때 재빨리 이 특수 쇠사슬을 손과 발에 묶으면 되지요. 총을 쏘기 전에 좀비에게 물리지 않아야 할텐데.

그런데 나무 아래에 흐릿한 사람 그림자가 보이네요. 의료진인지, 좀비인 지 분간이 되지 않네요. 좀비는 소리에 민감하니, 숨을 죽이고 다가갑니다. 아! 그런데 고약한 생선썩은 냄새가 나네요. 이 냄새는 1층에 가두어 뒀던 증상이 심한 좀비 12명에게서 나는 냄새예요. 2층의 좀비 3명은 아직은 아무런 냄새가 없어요. 그런데 1층에서 근무한 의료진 2명도 이 냄새가 나요.

저 그림자는 좀비일까요? 손목에 차고 있는 인공지능컴퓨터에게 물어보았어요.

좀비의 탈출

# 확률

컴퓨터 논리를 이용하여 인간의 지식을 활용하는 방식의 가장 큰 문제점은 참, 거짓으로만 문장의 진리값이 주어진다는 것이지요. "이번 달에 시험을 잘 보았어." 라는 문장이 있어요. 80점을 받은 곤잘레스가 이 말을 하면 참인가요? 아니면 90점을 받은 세연이 이 말을 하면 참인가요? 이와 같이 100 퍼센트 참, 혹은 거짓으로 분류할 수 없는 지식들이 많지요. 우리는 이런 지식들을 아무런 어려움없이 일상생활에서 사용하고 있어요. 이런 참, 거짓으로 분류할 수 없는 지식을 활용하기 위해, 최근의 인공지능은 확률이론을 활발히 사용하고 있습니다.

특히 4차 산업시대에서 의료, 언론, 제조, 유통등 모든 산업분야에 소프트웨어 기술이 적용되고 있지요. 환자의 진료 데이터, 개인이 만든 동영상 데이터, 백화점의 고객의 제품 구매내력, 각 가구에서 사용한 전기량, 등등 다양한 데이터가 매일 방대한 규모로 발생하고 있지요. 그래서 현대를 **빅데이터 (big data)** 시대라고 하고, 이러한 데이터를 보관하고 관리하기 위해서 전국에 데이터 센터들도 만들어지고 있어요. 이렇게 쌓여진 데이터로부터 유용한 통계적인 값을 쉽게 구할 수 있어서, 확률을 사용한 알고리즘이 더 주목을 받고 있습니다.

## 좀비를 만날 확률

이 섬에 있는 사람들 중에서 좀비일 확률은 얼마일까요? 우리는 좀비도 아직은 사람이라고 생각한답니다. 이 확률은 다르게 말할 수도 있어요. "이 섬에서 사람을 만났을 때, 그 사람이 좀비일 확률"이라고도 말할 수 있어요. 같은 뜻입니다.

확률을 구하려면 우선 전체 경우의 개수를 구해야 합니다. 전체 경우는 문제로부터 알 수 있습니다. 이 문제에서는 "이 섬에서 사람을 만났을 때" 가 전체 경우를 설명하지요. 그러면 이 경우의 개수는 얼마가 될까요? 즉, 이 섬에서 한 사람을 만나는 것이 한 가지 경우가 됩니다. 따라서 전체 경우는 한 사람씩 20명을 만나는 것이 되고, 전체 경우의 개수는 20이 되는군요. 즉, 이 섬에 있는 모든 사람들 수, 20이 되겠지요.

다음은 '좀비'라는 사건이 발생하는 경우의 수를 셉니다. 여기서 좀비 사건은 좀비 1명을 만날 때마다 발생하지요. 따라서 좀비 사건이 발생하는 경우의 수는 좀비 수가 되는 군요. 15입니다. 이제 사람들 중에서 좀비일 확률은 15÷20 입니다. 다시 정리하면

$$좀비일\ 확률 = \frac{좀비의\ 수}{전체\ 사람의수}$$

수학적으로는 사건A가 발생할 확률을 흔히 P(A)라고 쓰지요. 위의 확률은 P(좀비)라고 쓰면 되겠군요. P(A)의 값을 구하는 식을 정리하면 다음처럼 되지요.

$$P(A) = \frac{A사건이\ 발생하는\ 경우의\ 수}{전체\ 경우의\ 수}$$

이 섬의 사람들을 만났을 때, 그 사람이 냄새가 날 확률, 즉 P(냄새)는 얼마일까요? 냄새라는 사건이 생기는 경우는 냄새나는 한 사람을 만날 때마다 발생합니다. 따라서 냄새 사건이 발생하는 경우의 수는 냄새나는 사람 수이고, $12 + 2 = 14$입니다. 전체 경우의 수는 역시 20이지요. 즉, $P(냄새) = \frac{14}{20}$ 가

되는군요.

그러면 이 섬에서 사람을 만났을 때, 그 사람이 의료진일 확률 P(의료진)은 얼마일까요? $\frac{5}{20}$ 가 되나요? 쉽지요?

## 벤 다이어그램

흔히 확률은 **벤 다이어그램(venn diagram)** 으로 설명하기도해요. 다음 그림을 볼까요? 이 그림에서 하나의 영역은 어떤 성질을 갖는 사람들을 모아둔 집합을 나타냅니다. 사각형은 섬의 전체 사람들의 집합을 나타낸답니다. 당연히 이 사각형에 속한 사람들의 수는 20이겠군요. 왼쪽 타원(■+▨) 은 좀비들을 모아둔 집합입니다. 이 집합에 속하는 사람들의 수는 15이지요.

오른쪽 타원(▨+▦)은 생선 냄새나는 사람들의 집합이에요. 이 집합에 속하는 사람들의 수는 얼마인가요? 12+2=14이죠.

자. 그러면 두 타원이 만나는 영역, 벤다이어그램에서 ▨의 영역에 속하는 사람들의 수는 얼마일까요? ▨ 영역은 왼쪽 타원에도 속하고, 오른쪽 타원에도 속하지요. 따라서 이 영역의 사람들은 두 타원의 성질을 모두 가지고 있답니다. 즉, 냄새나는 좀비들의 집합이군요. 12명이군요.

그러면 오른쪽 타원에서 ▨ 영역을 제외한 ▦ 영역은 어떤 사람들의 집합일까요? 이 영역은 오른쪽 타원에 속하지만 좀비는 아닌 사람들의 집합이군요. 즉 냄새나는 의료진의 집합입니다. 이 영역에 속하는 사람 수는 2이군요.

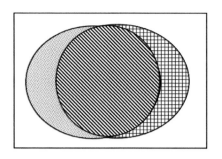

| | | |
|---|---|---|
| ▨ + ⊞ | : | 냄새나는 사람들 |
| ▨ | : | 냄새나는 좀비들 |
| ▨ + ▨ | : | 좀비들 |
| ⊞ | : | 냄새나는 의료진들 |
| ▭ | : | 냄새나지 않는 의료진들 |
| ▭ + ⊞ | : | 의료진들 |

벤 다이어그램

사각형에서 두 타원의 바깥에 있는 ▭ 영역은 어떤 사람들의 집합인가요?
맞아요. 바로 냄새나지 않는 의료진의 집합이지요. 3명이 이 영역에 속하는
군요.

## 좀비의 냄새

이제 확률을 구하기 전에 어떤 조건을 주어 볼까요? 좀비들 중에서 냄새나
는 좀비일 확률은 얼마인가요? 여기서는 '좀비들 중'이라는 조건이 주어졌
군요. 이러한 확률을 **조건부 확률(conditional probability)**이라고 한답니다.

이 확률은 좀비를 만났을 때, 그 좀비가 냄새가 날 확률이라고도 합니다. 같은 말이지요. 그리고 기호로는 P(냄새|좀비) 라고 씁니다.

일반적으로 어떤 사건A가 발생했을 때(이를 조건이라고 함), 사건B가 발생할 확률을 조건부 확률 P(사건B|사건A) 로 나타냅니다. 이 조건부 확률을 구하려면, 우선 조건, 즉 사건A가 발생하는 모든 경우의 수를 구해야 합니다. 또 사건A와 사건B가 동시에 생기는 경우의 수를 셉니다. 그 다음, 이 두 수를 다음과 같이 나눕니다.

$$P(\text{사건B} \mid \text{사건A}) = \frac{\text{사건A와 사건B가 동시에 일어나는 경우의수}}{\text{사건A가 일어나는 경우의 수}}$$

이제 P(냄새|좀비) 조건부 확률을 구해볼 까요? 위의 식에서, 사건A는 좀비를 만나는 것이 되고 사건B는 냄새가 난다가 되는군요.

앞의 식을 이용해 이 값을 구해볼까요? 사건A가 발생하는 경우의 수는 좀비를 만나는 경우의 수, 즉 좀비수인 15가 되는군요. 이제 사건A와 사건B가 동시에 발생하는 경우의 수를 셉니다. 좀비라는 사건도 생기고, 동시에 냄새가 나는 사건도 발생하는 경우는 언제인가요? 바로 냄새나는 좀비를 만났을 때이군요. 따라서 두 사건이 동시에 발생하는 경우의 수는 냄새나는 좀비 수인 12와 같지요.

$$P(\text{냄새} \mid \text{좀비}) = \frac{\text{냄새나는 좀비 수}}{\text{좀비 수}} = \frac{12}{15} = \frac{4}{5}$$

이군요.

벤 다이어그램에서는

$$P(\text{냄새} \mid \text{좀비}) = \frac{▨\ \text{영역에 속하는 사람 수}}{\text{왼쪽 타원(}▨\text{+}▨\text{)에 속하는 사람 수}}$$

가 되는군요.

## 의료진의 냄새

이제 다른 조건부 확률 P(냄새|의료진)을 구해 보세요. 즉 의료진을 만났을 때, 이 사람이 냄새나는 의료진일 확률이지요. 조건에 있는 의료진을 만나는 경우의 수는 의료진의 수 5가 되지요. 의료진을 만나는 사건과 냄새나는 사건이 동시에 발생하는 경우의 수는, 냄새나는 의료진을 만나는 경우의 수이군요. 2입니다. 따라서

$$P(\text{냄새}|\text{의료진}) = \frac{2}{5} \ \text{입니다.}$$

벤다이어 그램에서는

$$P(\text{냄새}|\text{의료진}) = \frac{▦\ \text{영역에 속하는 사람 수}}{▢ + ▦\ \text{영역에 속하는 사람 수}}$$

# 좀비, 의료진?

처음의 좀비문제로 되돌아가 볼까요? 냄새가 나는 사람이 있어요. 이 사람이 좀비인지, 의료진인지를 알고 싶어해요. 이와 같은 목적으로 사용되는 시스템을 **분류(classification)** 시스템이라고 하지요. 분류를 하기 위해서는 물체에 관련된 데이터를 우선 수집해야겠어요. 이렇게 수집된 데이터를 **증거(evidence)**라고도 해요. 좀비 문제에서는 생선썩은 냄새가 일종의 증거가 되겠군요. 이 증거를 이용하여 이 물체가 어떤 그룹에 속하는 가를 결정합니다. 이때 그룹을 **클래스(class)**라고 하지요. 이 문제는 좀비 클래스와 의료진 클래스 2개가 있군요.

## 베이지언 분류

지금부터 인공지능의 한가지 분류 방식인 베이지언 분류방식을 소개합니다.

### 1단계. 데이터로부터 필요한 확률 미리 구해 두기

우선, 다음의 2가지 조건부 확률을 구합니다. 냄새라는 증거가 수집되었을 때, 각 클래스가 이 증거를 발생할 조건부 확률, 즉 P(냄새|좀비)와 P(냄새|의료진)를 구합니다.

P(냄새|좀비)는 좀비클래스에서 '냄새가 난다'라는 증거를 발생할 확률이지요. P(냄새|의료진)은 의료진 클래스에서 '냄새가 난다'라는 증거가 발생할 확률이군요.

다음으로는 좀비 클래스와 의료진 클래스가 발생할 확률, 즉 P(좀비), P(의료진)을 구해둡니다. 마지막으로 증거가 발생할 확률, 즉 P(냄새)를 구합니다. 이 확률들은 앞에서 모두 구해 두었죠?

## 2단계. 클래스를 결정하기

베이지언 분류방식은 수집된 증거(냄새)가 있을 때, 좀비 클래스가 발생할 조건부 확률 P(좀비|냄새)와 의료진 클래스가 발생할 조건부 확률 P(의료진|냄새) 을 구합니다. 이 두 개의 조건부확률을 비교하여 큰 값을 갖는 클래스로 결정합니다. 즉,

> 만약
>
> P(좀비|냄새) > P(의료진|냄새)이면 '이 사람은 좀비'라고 결정하고,
>
> P(의료진|냄새) > P(좀비|냄새)이면 '이 사람은 의료진'이라고 결정합니다.

여기서 조건부 확률 P(좀비|냄새)와 P(의료진|냄새)는 아직 우리가 모르지요? 이 확률들은 1단계에서 미리 구해 둔 P(냄새|좀비) 확률과 P(냄새|의료진) 확률로부터 구할 수 있답니다. 이때 베이즈 정리라는 확률 규칙을 사용하기 때문에, 이 분류방식을 베이지언 분류라고 합니다.

## 베이즈 정리

자, 그럼 이제 베이즈 정리(bayes' theorem)를 살펴볼까요?

베이즈 정리는 조건부 확률 P(사건A|사건B)와, 조건부 확률 P(사건B|사건A)의 관계식을 나타냅니다. 두 확률에서 사건A와 사건B의 순서가 바뀌었지요? 베이즈 정리는 다음과 같아요.

$$P(\text{사건A} \mid \text{사건B}) = \frac{P(\text{사건B} \mid \text{사건A}) \times P(\text{사건A})}{P(\text{사건B})}$$

왼쪽에 있는 P(사건A|사건B)를 우측의 P(사건B|사건A)를 이용하여 구할 수 있지요.

이 베이즈 정리를 이용하여 P(좀비|냄새)를 구해 보지요. 위 식에서 모든 사건A를 좀비로 바꾸고, 사건B를 냄새로 바꿉니다. 그러면 위의 식은

$$P(좀비 \mid 냄새) = \frac{P(냄새 \mid 좀비) \times P(좀비)}{P(냄새)}$$

가 됩니다. 이 식의 오른쪽에 있는 P(냄새|좀비), P(좀비), P(냄새)들은 값을 이미 구해 뒀었죠. 이들 값을 식에 대입하면

$$P(좀비 \mid 냄새) = \frac{\dfrac{12}{15} \times \dfrac{15}{20}}{\dfrac{14}{20}} = \frac{12}{14} = \frac{6}{7}$$

이군요.

이제 P(의료진|냄새)를 베이즈 정리를 이용해 구해 보세요. 베이즈 정리에서 사건A를 의료진으로 두고, 사건B를 '냄새가 난다'로 두면 되는군요.

$$P(의료진 \mid 냄새) = \frac{P(냄새 \mid 의료진) \times P(의료진)}{P(냄새)}$$

$$= \frac{\dfrac{2}{5} \times \dfrac{5}{20}}{\dfrac{14}{20}} = \frac{2}{14} = \frac{1}{7}$$

이제 인공지능컴퓨터는 P(좀비|냄새)의 값과 P(의료진|냄새)의 값을 비교해 봅니다. P(좀비|냄새)가 훨씬 크군요. 따라서 인공지능은 다음처럼 말하는군요.

"좀비같으니, 조심하세요!"

## 기상 데이터

해안가의 A 지역에서, 지난 9월 10일에 비가 왔군요. 이 날의 나머지 기상 데이터는 모두 실수로 지워졌군요.

이 날이 저기압이었는지, 아니면 고기압이었는지를 베이지언 분류방식으로 구하려고 합니다. 좀비 문제와 비교해 보세요. 같은 형식입니다. 여기서 증거는 '비가 왔다'는 것이고, 클래스는 저기압 클래스와 고기압 클래스 2개 이군요. 마치 좀비 클래스와 의료진 클래스처럼 말이죠. 베이지언 분류를 하기 위해서는 증거가 조건으로 주어졌을 때, 각 클래스가 발생할 2개의 조건부 확률을 구해야 합니다. 즉,

P(고기압 | 비) 와 P(저기압 | 비)을 구해야 하겠군요.

이제 베이즈 정리를 적용하기 위해 필요한 확률을 구해봅니다. 10년간 수집된 A지역의 9월의 기상데이터를 조사해 보았어요. 저기압인 날이 100일, 고기압인 날이 200일 이었군요. 고기압일때는 비가 온 날이 20일, 비가 오지 않은 날이 180일 이군요. 저기압일때는 비가 온 날이 30일, 비가 오지 않은 날이 70일 입니다. 이 데이터로부터 다음의 확률을 구했습니다.

$$P(\text{고기압}) = \frac{\text{고기압 일수}}{\text{전체 일수}} = \frac{200}{300} = \frac{2}{3}$$

$$P(\text{저기압}) = \frac{\text{저기압 일수}}{\text{전체 일수}} = \frac{100}{300} = \frac{1}{3}$$

$$P(\text{비}) = \frac{\text{비온날 수}}{\text{전체 일수}} = \frac{20+30}{300} = \frac{50}{300} = \frac{1}{6}$$

이제 조건부 확률을 구해보겠습니다. 고기압 클래스와 저기압 클래스에서 '비가 온다'라는 증거가 발생할 조건부 확률을 구해봅니다.

$$P(\text{비}\,|\,\text{고기압}) = \frac{\text{고기압과 비가 오는 사건이 동시에 발생하는 경우의 수}}{\text{고기압 일수}}$$

$$= \frac{\text{고기압이면서 비온 날의 수}}{200} = \frac{20}{200} = \frac{1}{10}$$

$$P(\text{비}\,|\,\text{저기압}) = \frac{\text{저기압과 비가 오는 사건이 동시에 발생하는 경우의 수}}{\text{저기압 일수}}$$

$$= \frac{\text{저기압이면서 비온 날의 수}}{100} = \frac{30}{100} = \frac{3}{10}$$

이제 베이즈 정리를 적용해 봅니다. 베이즈 정리 수식에서 사건A 를 저기압 클래스로 두고, 사건B를 '비가 온다' 로 두면 다음 식이 되는군요.

$$P(\text{저기압}\,|\,\text{비}) = \frac{P(\text{비}\,|\,\text{저기압})P(\text{저기압})}{P(\text{비})}$$

$$= \frac{\dfrac{3}{10} \times \dfrac{1}{3}}{\dfrac{1}{6}} = \frac{6}{10} = \frac{3}{5}$$

베이즈 정리 수식에서 사건A 를 고기압 클래스로 두고, 사건B를 '비가 온 다' 로 두면 다음 식이 되는군요.

$$P(고기압 \mid 비) = \frac{P(비 \mid 고기압) \times P(고기압)}{P(비)}$$

$$= \frac{\dfrac{1}{10} \times \dfrac{2}{3}}{\dfrac{1}{6}} = \frac{4}{10} = \frac{2}{5}$$

베이지언 분류에 의하면, P(저기압 | 비)가 P(고기압 | 비) 보다 크니까, 이날 은 저기압 이었다고 결정하여야 겠군요.

## 스팸 필터링

A 회사에서는 인터넷 메일에서 스팸 메일(Spam Mail)을 걸러내는 스팸 필 터링(filtering) 프로그램을 개발하였습니다. 스팸 메일은 광고 메일로서 대 부분 쓸모 없는 메일입니다. 이 프로그램은 메일에 광고 문구로 의심되는 단 어가 있는지를 검사해서 스팸메일인지 정상 메일인지를 판단하는 군요. 정 확한 판단을 위해서 베이지언 분류방식을 사용하였고, 필요한 확률값을 구 하기 위해 지난 1년간의 1000개의 메일을 수집했습니다.

여기서 스팸메일에 자주 등장하는 단어들을 파악하여 '광고성 단어 리스트' 를 작성했답니다.

지금 하나의 인터넷 메일이 도착했군요. 메일에 포함된 단어들을 보니 '광 고성 단어 리스트'에 포함된 '신청하세요'라는 단어가 있군요. 이제 이 메일 이 스팸메일인지 정상메일인지를 베이지언 분류 방식으로 구해봅니다. 이 문제에서의 증거는 '신청하세요' 라는 단어가 되고, 클래스는 정상메일 클래스와 스팸메일 클래스가 됩니다.

수집된 1000개의 메일에서 100개는 스팸메일이고, 정상메일은 900개 이군요. 따라서 두 클래스의 발생 확률은

$$P(\text{정상메일}) = \frac{\text{정상 메일수}}{\text{전체 메일수}} = \frac{900}{1000} = \frac{9}{10}$$

$$P(\text{스팸메일}) = \frac{\text{스팸 메일수}}{\text{전체 메일수}} = \frac{100}{1000} = \frac{1}{10}$$

이 됩니다. 1000개의 메일을 조사해보니, 신청하세요 단어를 포함하고 있는 정상 메일은 15개이고, 신청하세요 단어를 포함하고 있는 스팸메일은 10개입니다.

따라서 메일이 신청하세요 단어를 포함할 확률은

$$P(\text{신청하세요}) = \frac{\text{신청하세요 단어를 포함한 메일수}}{\text{전체 메일수}} = \frac{25}{1000}$$

입니다.

각 클래스에서 증거를 발생할 조건부 확률을 다음과 같이 구했답니다.

$$P(\text{신청하세요} \mid \text{정상메일})$$

$$= \frac{\text{정상메일 사건과 신청하세요 사건이 동시에 발생하는 경우의 수}}{\text{정상메일 수}}$$

$$= \frac{\text{신청하세요 단어가 포함된 정상메일수}}{\text{정상메일 수}} = \frac{15}{900}$$

P(신청하세요 | 스팸메일)

$$= \frac{\text{스팸메일 사건과 신청하세요 사건이 동시에 발생하는 경우의 수}}{\text{스팸메일 수}}$$

$$= \frac{\text{신청하세요 단어가 포함된 스팸메일수}}{\text{스팸메일 수}} = \frac{10}{100} = \frac{1}{10}$$

이제 베이지언 분류를 위해 증거가 주어졌을때, 각 클래스가 발생할 조건부 확률을 베이즈 정리를 이용해서 구합니다. 베이즈 정리 수식에서 사건A를 정상 메일 클래스로 두고, 사건B를 '신청하세요 단어가 메일에 포함되어 있다' 로 두면 다음 식이 되는군요.

P(정상메일 | 신청하세요)

$$= \frac{\text{P(신청하세요 | 정상메일)} \times \text{P(정상메일)}}{\text{P(신청하세요)}}$$

$$= \frac{\frac{15}{900} \times \frac{9}{10}}{\frac{25}{1000}} = \frac{15}{25} = \frac{3}{5}$$

베이즈 정리 수식에서 사건A를 스팸 메일 클래스로 두고, 사건B를 '신청하세요 단어가 메일에 포함되어 있다'로 두면 다음 식이 되는군요.

P(스팸메일 | 신청하세요)

$$= \frac{\text{P(신청하세요 | 스팸메일)} \times \text{P(스팸메일)}}{\text{P(신청하세요)}}$$

$$= \frac{\frac{1}{10} \times \frac{1}{10}}{\frac{25}{1000}} = \frac{10}{25} = \frac{2}{5}$$

두 조건부 확률을 비교해보니, P(정상메일|신청하세요) 가 더 큰 값입니다. 따라서 스팸 필터링 프로그램은 이 메일을 정상메일로 판단하여 걸러내지 않습니다.

## 코딩

다음은 20종 동물들의 속성과 각 동물을 포유류 혹은 비 포유류로 분류한 표입니다. 1째 속성은 새끼를 낳는가를 나타내고, 2째 속성은 날수 있는가를 나타냅니다. 3째 속성 수중생활은 물속에서 사는가를 나타내며, 마지막 속성은 이 동물이 다리가 있는가를 나타냅니다. 이 표를 보면 처음 동물은 사람이고, 새끼를 낳고, 날 수 없으며, 수중에서 살지 않고, 다리가 있군요. 이 동물은 포유류로 분류되어 있군요.

이제 이표를 사용하여 어떤 동물의 속성이 주어졌을때, 이 동물을 포유류 혹은 비포유류로 분류하고자 합니다. 다음 단계를 차례대로 진행하여 베이지언 분류 프로그램을 만들어보세요.

지금 어떤 동물이 새끼를 낳는다라고 하는군요. 베이지언 분류방식으로는 이 동물이 포유류일까요? 비 포유류일까요? 즉, 새끼를 낳다가 주어진 증거입니다.

| 이름 | 새끼낳다 | 날수있다 | 수중생활 | 다리있다 | 클래스 |
|---|---|---|---|---|---|
| 인간 | 예 | 아니오 | 아니오 | 예 | 포유류 |
| 비단뱀 | 아니오 | 아니오 | 아니오 | 아니오 | 비 포유류 |
| 연어 | 아니오 | 아니오 | 예 | 아니오 | 비 포유류 |
| 고래 | 예 | 아니오 | 예 | 아니오 | 포유류 |
| 개구리 | 아니오 | 아니오 | 가끔 | 예 | 비 포유류 |
| 코모도 왕도마뱀 | 아니오 | 아니오 | 아니오 | 예 | 비 포유류 |
| 박쥐 | 예 | 예 | 아니오 | 예 | 포유류 |
| 비둘기 | 아니오 | 예 | 아니오 | 예 | 비 포유류 |
| 고양이 | 예 | 아니오 | 아니오 | 예 | 포유류 |
| 레오파드 상어 | 예 | 아니오 | 예 | 아니오 | 비 포유류 |
| 거북 | 아니오 | 아니오 | 가끔 | 예 | 비 포유류 |
| 펭귄 | 아니오 | 아니오 | 가끔 | 예 | 비 포유류 |
| 호저 | 예 | 아니오 | 아니오 | 예 | 포유류 |
| 장어 | 아니오 | 아니오 | 예 | 아니오 | 비 포유류 |
| 도롱뇽 | 아니오 | 아니오 | 가끔 | 예 | 비 포유류 |
| 힐러 몬스터 | 아니오 | 아니오 | 아니오 | 예 | 비 포유류 |
| 오리너구리 | 아니오 | 아니오 | 아니오 | 예 | 포유류 |
| 부엉이 | 아니오 | 예 | 아니오 | 예 | 비 포유류 |
| 돌고래 | 예 | 아니오 | 예 | 아니오 | 포유류 |
| 독수리 | 아니오 | 예 | 아니오 | 예 | 비 포유류 |

1. 위의 표를 배열(array)에 저장하세요.

2. 저장된 표로 부터 다음 확률을 구하는 프로그램을 작성하세요.

   P(포유류), P(비 포유류), P(새끼낳다=예), P(수중생활=예)

   프로그램은 구하려고 하는 사건을 입력으로 받을 수 있어야 합니다. 즉 입력단어가 '포유류'이면 P(포유류)를 구합니다. 입력이 '새끼낳다=예' 이면 새끼낳는 동물일 확률을 구합니다. 구한 확률을 출력하여야 합니다.

3. 저장된 표로부터 두 개의 사건이 동시에 발생하는 경우의 수를 세는 프로그램을 작성하세요. 프로그램은 두 개의 사건을 입력으로 받아서 동시에 발생한 경우의 수를 출력합니다. 작성된 프로그램에 '포유류'와 '새끼낳다=예' 가 입력되면, 포유류이면서 새끼를 낳는 동물의 수가 출력되는지 확인하세요.

4. 저장된 표로부터 조건부 확률 P(사건A|사건B)를 구하는 프로그램을 작성하세요. 사건 A와 사건B가 입력으로 주어집니다. 프로그램은 계산된 조건부 확률을 저장하고 출력합니다.

   작성한 프로그램에 '새끼낳다=예'와 '포유류'를 입력하여 P(새끼낳다=예|포유류)값을 올바르게 출력하는지 확인하세요.즉 포유류중에서 새끼를 낳는 동물일 확률을 출력하여야 합니다. $\frac{6}{7}$ 이 되나요?

   작성한 프로그램에 '수중생활=예'와 '비 포유류'를 입력하여 P(수중생활=예|비 포유류)를 출력하는지 확인하세요. 즉, 비 포유류중에서 수중생활을 하는 동물일 확률이 출력되어야 합니다. $\frac{3}{13}$ 이 되나요?

5. 베이즈 정리를 사용하여 조건부확률 P(사건B|사건A)를 구하는 프로그램을 작성하세요. 프로그램의 입력으로 사건B와 사건A가 주어지고, 프로그램은 저장된 확률에 베이즈 정리를 사용하여 조건부 확률을 구하고 출력합니다.

작성된 프로그램에 '포유류'와 '새끼낳다=예'를 입력하여 P(포유류|새끼낳다=예)를 구해보세요. 프로그램은 이 확률을, 2단계에서 구해진 P(새끼낳다=예),P(포유류)와 4단계에서 구해진 P(새끼낳다=예|포유류)로부터 베이즈 정리를 사용하여 구하여야 합니다. $\frac{6}{7}$이 되나요?

작성된 프로그램에 '비 포유류'와 '새끼낳다=예'를 입력하여 P(비포유류|새끼낳다=예)를 구해보세요. 프로그램은 이 확률을, 2단계에서 구해진 P(새끼낳다=예),P(비 포유류)와 4단계에서 구해진 P(새끼낳다=예|비포유류)로부터 베이즈 정리를 사용하여 구하여야 합니다. $\frac{1}{7}$이 되나요?

6. 베이지언 분류 프로그램을 작성하세요. 프로그램에는 증거가 입력됩니다. 프로그램은 저장된 통계표로부터 필요한 확률을 계산한 후, 결정된 소속 클래스를 출력합니다.

위의 포유류 분류표를 배열의 형식으로 저장하고, 작성된 프로그램에 '새끼낳다=예'를 증거로 입력한후, 출력되는 소속 클래스가 올바른지 확인해보세요. 포유류가 출력되나요?

Artificial Intelligence

# CHAPTER 7

# 페가시 행성으로부터의 메시지

Artificial Intelligence

입력 벡터

ㄱ 인식 신경망

ㄴ 인식 신경망

세 글자 인식 신경망

엔드좀 사의 출입문

눈동자는 제자리에 있나요?

눈동자 인식기

양 쪽 눈동자 위치 확인기

칵테일 파티

심층신경망

코딩

51페가시b 행성에 사는 외계인은 'ㄱ','ㄴ','O' 글자 3개로 의사전달을 합니다. 이 들이 지구로 전송하는 영상 메세지가 전파 수신기에 잡히기 시작했어요. 이 메세지를 해독하기 위해 우선 글자 인식기를 개발하려고 해요. 각 글자는 9개의 점으로 이루어진 영상으로 표시되고, 각 점은 검거나, 흰 점이군요. 지금부터 소개할 신경망은 쓰여진 한개의 글자가 무슨 글자인 지를 알아냅니다. 이러한 작업을 '글자를 **인식(recognition)** 한다'라고 하지요.

## 입력 벡터 만들기

인식하려고 하는 글자의 영상을 인식시스템에 연결해야 합니다. 이렇게 글자의 영상을 외부로부터 인식시스템에게 제공하는 것을 "**입력(input)**한다"라고 하지요. 입력된 글자의 영상을 신경망에 적합한 형식으로 변환합니다. 글자의 영상은 가로로 3개 줄과 세로로 3개 줄로 이루어진 총 9개의 점으로 구성됩니다. 알고리즘을 사용하여 검은 점을 1로, 흰 점을 0으로 변환합니다.

ㄱ 글자 영상을 숫자 데이터로 변환하면

1 1 1
0 0 1
0 0 1

과 같이 0과 1로 이루어 진 사각형 모양이 되는군요. 이와 같이 사각형 형식으로 값이 배열되어 있는 것을 **행렬(matrix)**이라고 합니다. 이 행렬에는 9개의 값이 있지요. 이때 각각의 값을 **원소(element)**라고 합니다. 행렬의 가로줄을 **행(row)**이라고 하고, 세로 줄을 **열(column)**이라고 부릅니다. 제일 위에 있는 가로 줄은 첫째 행이 되고, 제일 아래의 가로줄은 셋째 행이 됩니다. 제일 왼쪽의 세로줄이 첫째 열이 되고, 제일 오른쪽 열이 셋째 열이 됩니다. 따라서 ㄱ 글자 행렬에서 첫째 행의 셋째 열에 있는 원소는 1이고, 셋째 행의 둘째 열의 원소는 0이 되는군요.

ㄴ 글자 영상은

1 0 0
1 0 0
1 1 1

의 ㄴ 글자 행렬로 변환되고, O 글자 영상은

0 1 0
1 0 1
0 1 0

의 O 글자 행렬로 변환됩니다.

이제 신경망에 연결하기 전에 이 9개의 숫자를 세로 방향으로 정렬합니다. 원소를 어떤 순서로 정렬하느냐고요? 행렬의 첫째 행의 원소들을 제일 왼쪽 원소부터 시작하여 오른쪽 방향으로 가면서 위에서부터 차례대로 정렬합니다. 다음에는 둘째 행의 원소들을 제일 왼쪽 원소부터 시작하여 오른쪽 방향으로 이동하면서 순서대로 정렬합니다. 마지막으로 셋째 행의 원소들을 제일 왼쪽 원소부터 시작하여 오른쪽 방향으로 이동하면서 정렬합니다. 이렇게 세로 방향으로 정렬된 데이터를 **벡터(vector)**라고 합니다.

ㄴ 글자 행렬을 ㄴ 글자 벡터로 변환해 볼까요? 행렬의 첫째행이 1, 0, 0입니다. 따라서 벡터에는 위에서부터 차례대로 1, 0, 0 가 저장되지요? 행렬의 둘째 행이 1, 0, 0 이군요. 따라서 벡터의 다음 원소들도 차례로 1, 0, 0 입니다. 마지막으로 행렬의 셋째 행은 1, 1, 1 입니다. 벡터에 1, 1, 1 원소들이 그 다음으로 저장됩니다.

벡터의 각 숫자도 원소라고 합니다. 벡터의 제일 위의 원소를 첫째 원소, 그 아래의 원소를 둘째 원소등으로 각 원소의 차례를 매깁니다. 제일 아래에 있는 원소는 아홉 번째 원소이군요

이제 신경망에 데이터를 연결할 준비가 다 되었군요. 이처럼 입력 영상으로부터 신경망에 연결할 입력 벡터를 만드는 과정을, 인공지능에서는 데이터를 **전처리(preprocessing)**한다고 해요. CCTV 영상에서 얼굴을 인식하기 위해서는 얼굴 영역을 먼저 찾아내어야 하고, 찾아낸 얼굴 영역의 영상을 입력 벡터형식으로 변환하는 전처리 과정을 거친답니다.

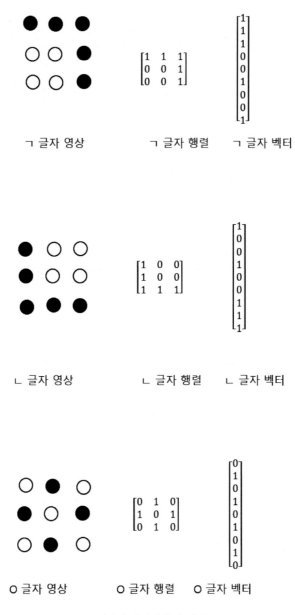

ㄱ 글자 영상 ㄱ 글자 행렬 ㄱ 글자 벡터

ㄴ 글자 영상 ㄴ 글자 행렬 ㄴ 글자 벡터

ㅇ 글자 영상 ㅇ 글자 행렬 ㅇ 글자 벡터

페가시 행성의 글자 벡터

# ㄱ 글자 인식 신경망

## ■ 구조 설계

이제 ㄱ 글자를 인식하는 신경망을 설계해 볼까요? 신경망중에서 가장 기본적인 **퍼셉트론(perceptron)**을 사용하지요. 그림에서 동그라미 기호는 한 개의 **신경세포(neuron)**를 흉내낸 계산장치입니다. 컴퓨터과학에서는 이것을 계산 노드(node)라고 부릅니다. 이 책에서는 간단히 노드라고 부르도록 하지요.

이 그림에서 보듯이 노드의 왼쪽에는 9개의 선들이 있군요. 각 선들은 입력되는 벡터의 특정한 위치의 숫자에 연결되어 있지요. 입력되는 벡터를 **입력 벡터(input vector)**로 부르기로 해요. 입력 벡터의 i 번째 위치에 있는 원소를 입력 벡터[i] 라고 표시하지요. 만약 i 가 3이면 입력벡터[3] 이 되어서 입력 벡터의 3번째 원소를 나타냅니다. 즉, 제일 위의 선은 입력 벡터의 제일 위의 숫자인 입력 벡터[1]에 연결되어 있군요. 이와 같이 노드가 입력 벡터의 모든 원소들과 연결된 것을 **"완전히 연결되었다(fully connected)"**라고 해요. 입력 벡터의 원소들은 연결선의 화살표 방향을 따라 노드로 전달됩니다.

또 계산 노드의 오른 쪽에도 선이 있지요. 노드에서 계산한 값을 이 선을 통해서 화살표 방향으로 사용자에게 전달하지요. 이렇게 신경망에서 사용자에게 데이터를 전달하는 것을 **"출력(output)한다"**라고 합니다. 입력벡터가 ㄱ 글자이면 1을 출력하고, 다른 글자이면 0을 출력합니다. 이 출력된 값으로 현재 입력된 글자가 ㄱ인지 아닌지를 사용자는 알게 되겠군요.

이와 같이 노드의 개수를 정하고, 노드와 입력 벡터와의 연결선을 만들고, 노드로부터 출력하는 선을 만드는 것을 신경망의 **구조(architecture)**를 설계한다고 합니다. 이 신경망은 노드의 개수가 1이지만, 뒤에 소개되는 다른 예제들은 많은 노드를 갖는 신경망으로 문제를 해결합니다.

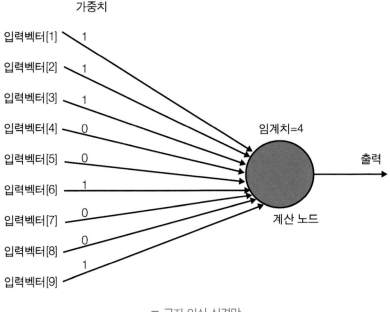

가중치

입력벡터[1]　1
입력벡터[2]　1
입력벡터[3]　1
입력벡터[4]　0
입력벡터[5]　0
입력벡터[6]　1
입력벡터[7]　0
입력벡터[8]　0
입력벡터[9]　1

임계치=4

출력

계산 노드

ㄱ 글자 인식 신경망

## ■ 파라메터값 지정

각 연결선에는 **가중치(weight)**라고 하는 숫자가 저장되어 있어요. 가중치는 신경망마다 다르나, 이 신경망은 제일 위의 선부터 차례로 1,1,1,0,0,1,0,0,1 으로 주어 봅니다. 이 가중치들은 어떤 특징이 있는지 혹시 알아차렸나요? 잠시 뒤에 이 질문에 대한 답을 드리지요. 이 가중치들을 위에서부터 차례로 세로의 한 줄로 모을 수가 있지요? 이것을 **가중치 벡터**라고 합니다.

$$\text{가중치 벡터} = \begin{bmatrix} 1 \\ 1 \\ 1 \\ 0 \\ 0 \\ 1 \\ 0 \\ 0 \\ 1 \end{bmatrix}$$

또 계산노드에는 **임계치(threshold)**라는 숫자가 저장됩니다. 이 신경망에는 4를 저장합니다. 이 신경망의 가중치와 임계치를 **파라메터(parameter)**라고 합니다. 파라메터가 어떤 값이냐에 따라 신경망의 역할은 달라진답니다. 이제 설계가 끝났으니, 실제 글자 벡터들이 입력되었을 때 출력값을 계산 하는 과정을 볼까요?

## ■ ㄱ 글자 인식 신경망의 계산

설계된 ㄱ 인식 신경망에 어떤 글자 벡터가 입력되었습니다. 이 입력된 현재의 글자 벡터가 ㄱ 인지 아닌지를 신경망 스스로 판단해야 합니다. 과연 신경망이 올바르게 판단하는지를 지금부터 체크해 봅니다.

### 1. ㄱ 글자벡터가 입력되었을 때

ㄱ 글자 벡터가 입력되었을 때, 신경망이 출력하는 값을 구해볼까요?

신경망의 입력 벡터는 바로 ㄱ 글자 벡터입니다. 각 선에 연결된 입력 벡터의 원소와, 그 선의 가중치를 곱해요. 제일 위의 연결선은 입력 벡터의 첫째 원소(즉, 입력 벡터[1]) 인 1에 연결되어 있습니다. 이 선의 가중치는 1이지요. 따라서 1 x 1 입니다. 둘째 선에 연결된 입력 벡터의 원소(즉, 입력 벡터[2])는 1입니다. 이 선의 가중치도 1이군요. 역시 1 x 1 입니다. 그러면 각 선마다 곱해진 값 9개가 구해지지요. 이 곱한 값을 모두 더합니다. 이렇게 곱한 후 더한 값을 노드의 '순입력'이라고 부르도록 하지요. 이렇게 곱하고 더하는 과정을 신경망에서는 입력 벡터와 가중치 벡터의 **내적(inner product)**을 구한다고 해요. 순입력은

$$1\text{x}1 + 1\times1 + 1\text{x}1 + 0\times0 + 0\times0 + 1\text{x}1 + 0\text{x}0 + 0\text{x}0 + 1\text{x}1 = 5$$

이군요. 이 순입력을 노드에 전달하면, 노드는 순입력의 값에 따라 다른 값을 출력합니다. 이러한 작용을 노드의 **활성화 함수(activation function)**라고 해요. 인공신경망에서 자주 사용하는 활성화함수는 여러 개가 있어요. 여기에서는 퍼셉트론에서 사용하는 **계단 함수(step function)**를 노드의 활성화 함수로 사용하겠습니다.

계단 함수는 순입력과 노드에 저장된 임계치와 비교합니다. 만약 순입력이 임계치보다 크면, 이 계산 노드는 1을 출력합니다. 만약 더한 값이 임계치보다 작거나 같으면 0을 출력해요. 앞에서 더한 값인 5가 임계치 4보다 크니까 1을 출력하는군요. 즉, 신경망은

"현재 글자는 ㄱ입니다."

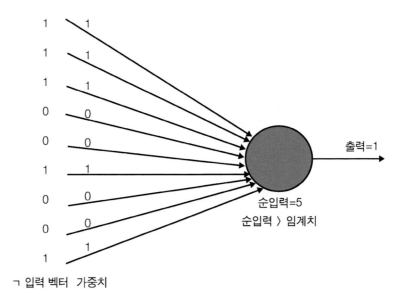

ㄱ 글자 인식 신경망에 ㄱ 입력벡터를 연결할 때

라고 말하는 것이죠. 올바르게 답하고 있군요.

## 2. ㄴ글자 벡터가 입력되었을 때

이 신경망에 ㄴ 글자 벡터가 입력되었다고 생각해볼까요? 즉, 신경망의 입력 벡터는 ㄴ 글자 벡터입니다. ㄱ 글자 벡터를 입력했을 때처럼 순입력을 구해보세요. 각 선의 가중치와 그 선에 연결된 입력 벡터의 원소와 곱한 후, 곱한 9개의 값을 더하면 되겠지요? 즉, 제일 위의 선의 가중치는 1이고, 입력 벡터의 첫째 원소(즉, 입력벡터[1])가 1 이니, 1x1 입니다. 두번째 선의 가중치는 1이고, 입력 벡터의 둘째 원소(즉, 입력벡터[2])는 0이니, 1x0 이군요. 순입력은

$$1 \times 1 + 1x0 + 1 \times 0 + 0x1 + 0 \times 0 + 1x0 + 0x1 + 0x1 + 1 \times 1 = 2$$

이군요. 다음으로는 순입력을 임계치와 비교했지요? 순입력이 임계치 4보다 작으니 신경망의 출력은 0입니다. 즉, 신경망은

"현재 글자는 ㄱ 이 아니다."

라고 말하네요. 역시 올바르게 판정하는군요.

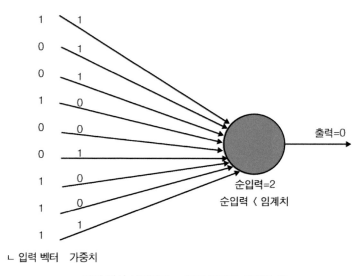

ㄱ 글자 인식 신경망에 ㄴ 글자 벡터를 입력할 때

O 글자 벡터를 입력하면, 순입력은 2가 되고 임계치보다 작으니, 출력은 0이 되는군요. 직접해 보세요. 맞다고요? 대단하군요. 이제 여러분은 인식 신경망을 설계할 수 있게 되었어요.

## ㄴ 글자 인식 신경망

### ■ 구조 설계

ㄴ 글자 인식 신경망도 입력 벡터는 9개 원소로서 ㄱ인식 신경망과 같습니다. 또 출력은 입력 벡터가 ㄴ 이면 1을, 아니면 0을 출력하면 되겠지요. 따라서 계산 노드가 1개이면 되겠군요. 즉, ㄴ글자 인식 신경망의 구조는 ㄱ 글자 인식 신경망과 동일합니다.

### ■ 파라메터값 지정

그럼 ㄴ글자를 인식하는 신경망의 가중치는 어떻게 둘까요?

혹시 ㄱ 글자 인식 신경망에서의 가중치의 특별한 점을 알아차렸나요? 연결선의 가중치와 ㄱ 글자 벡터의 원소와의 관계를 다시 한번 살펴보세요. 이제 눈치채셨군요. ㄱ 글자 벡터의 원소와 그 원소에 연결된 선의 가중치는 같습니다! 즉 가중치 벡터와 ㄱ 글자 벡터는 같습니다.

이와 같은 기법은 각 클래스의 **원형 벡터(prototype vector)**를 사용하는 인식 알고리즘에서 흔히 사용하는 한가지 방식입니다. 여기서 원형 벡터는 그 클래스의 대표적인 벡터를 나냅니다. 즉 ㄱ 클래스의 원형 벡터는 인식하려고 하는 ㄱ 글자 벡터가 되고, ㄴ 클래스의 원형 벡터는 ㄴ 글자 벡터가 됩니다. O 클래스의 원형 벡터는 당연히 O 글자 벡터가 되겠지요?

이제 ㄴ 글자를 인식하는 신경망의 가중치를 결정할 수 있겠지요? 각 선의 가중치는 그 선에 연결된 ㄴ글자 벡터 원소와 같게 둡니다. 즉, 그림과 같이, 제일 위의 선부터 시작해서, 1,0,0,1,0,0,1,1,1 가 되는군요. 결과적으로 ㄴ 글자 벡터와 가중치 벡터는 같지요. 임계치는 4로 둡니다.

## ▪ ㄴ 글자 인식 신경망의 계산

설계가 완료된 ㄴ 글자 인식 신경망에 어떤 글자 벡터가 입력되었습니다. 이 입력된 현재의 글자 벡터가 ㄴ 인지 아닌지를 신경망 스스로 판단해야 합니다.

### 1. ㄴ 글자 벡터가 입력되었을 때

이제 이 신경망에 ㄴ 글자 벡터가 입력되었을 때, 출력을 구해 볼까요? 우선 입력 벡터의 숫자들과 가중치들을 곱한 후 이 들을 더해 봅니다. 순입력은

$$1 \times 1 + 0 \times 0 + 0 \times 0 + 1 \times 1 + 0 \times 0 + 0 \times 0 + 1 \times 1 + 1 \times 1 + 1 \times 1 = 5$$

입니다. 이 순입력이 임계치 4보다 크니 출력은 1입니다.즉 신경망은

"이 글자는 ㄴ 입니다"

라고 하는 군요. 올바르게 답하고 있군요.

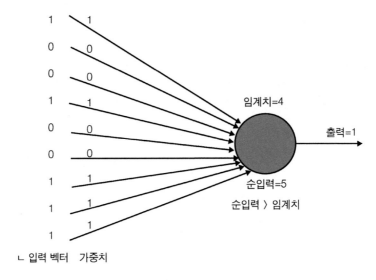

ㄴ 입력 벡터  가중치

ㄴ 글자 인식 신경망에 ㄴ 글자 벡터를 입력할 때

## 2. O 글자 벡터가 입력되었을 때

이번에는 그림과 같이, 이 신경망에 O 글자 벡터가 입력되었다고 생각해 볼까요? 가중치와 숫자들을 곱해서 더하면 순입력은

$$1×0 + 0×1 + 0×0 + 1×1 + 0×0 + 0×1 + 1×0 + 1×1 + 1×0 = 2$$

가 되는군요. 순입력이 임계치 4보다 작으니, 신경망의 출력은 0입니다. 즉, 신경망은

"지금 글자는 ㄴ 이 아닙니다."

라고 하는군요. 역시 올바르게 판정하고 있군요.

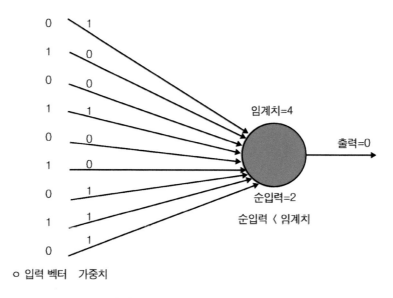

o 입력 벡터   가중치

ㄴ 글자 인식 신경망에 O 글자 벡터를 입력할 때

이제 이 신경망에 ㄱ 글자 벡터를 입력해 보세요. 출력이 0 이 나오지요?

O 글자를 인식하는 신경망을 설계해보세요. 이 답은 뒷 부분에 나올꺼예요. 쉽다고요? 역시 여러분은 인공지능의 재능이 있군요.

## 세 글자 인식 신경망

지금까지 소개한 3개의 신경망은 모두 한 글자만 인식하는 신경망이었어요. 새로 설계할 신경망은 'ㄱ', 'ㄴ', 'O' 세개의 글자를 인식할 수 있도록 할꺼예요. 즉, ㄱ 글자 벡터가 입력되면 "이 글자는 ㄱ 이야"라고 말하고, ㄴ글자 벡터가 입력되면 "이 글자는 ㄴ이야"라고 하고, O 글자 벡터가 입력되면 "이 글자는 O 이야"라고 말 합니다. 이와 같은 신경망을 **다중 클래스 (multi-class)** 인식기라고 하지요. 반면에 한 글자를 인식하는 신경망을 **단일 클래스(one class)** 인식기라고 합니다. 스마트폰에 스마트폰의 주인의 얼굴을 등록해 두고, 폰의 카메라에 찍힌 영상이 주인의 얼굴인지 아닌지 결정한 다면 이것은 단일 클래스 인식기이겠군요.

## ■ 구조 설계

이번에는 계산 노드 3개를 만듭니다. ㄱ 글자를 인식하는 노드, ㄴ 글자를 인식하는 노드, 그리고 O 글자를 인식하는 노드가 있어요. 이와 같이 다중 클래스 인식 신경망은 각 클래스에 대응되는 노드가 하나씩 있어요. 각 노드는 입력 벡터로 완전 연결됩니다. 즉, ㄱ 글자 인식 노드는 입력 벡터의 모든 원소와 연결되고, ㄴ 글자 인식 노드도 입력벡터의 모든 원소와 연결됩니다. O 글자 인식 노드도 마찬가지이고요. 입력벡터는 역시 9개 원소를 가집니다. 이 신경망의 연결선의 개수는 9x3=27 이군요.

## ■ 파라메터값 지정

연결선의 가중치와, 노드의 임계치는 어떻게 할까요? 짐작이 되나요?

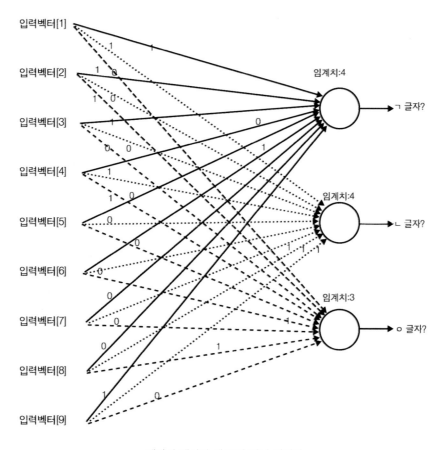

페가시 행성의 세 글자 인식 신경망

네. 그렇답니다.

ㄱ 글자 인식 노드는 앞의 ㄱ 글자 인식 신경망의 가중치와 임계치를 그대로 사용하고, ㄴ 글자 인식 노드는 ㄴ 글자 인식 신경망의 가중치와 임계치를 그대로 사용합니다. O 글자 인식 노드의 가중치는 제일 위의 선부터 차례로 0, 1, 0, 1, 0, 1, 0, 1, 0 가 됩니다. 즉, 이 가중치 벡터는 O 글자 벡터와 같군요! O 글자 인식노드의 임계치는 3으로 둡니다.

## ▪ 세 글자 인식 신경망의 계산

이제 설계된 세글자 인식 신경망에 어떤 글자 벡터가 입력되었습니다. 과연 신경망이 현재 입력된 글자벡터를 올바르게 분류하는지를 확인해 보겠습니다.

### 1. O 글자 벡터가 입력되었을 때

이제 이 신경망에 O 글자 벡터가 입력되었다고 생각하고 출력값을 구해볼까요? ㄱ 글자 인식노드의 출력을 구할 때에는 ㄴ 인식노드와 O 인식노드는 없다고 생각하고 구해보세요. 즉, 앞의 ㄱ 글자 인식 신경망과 같은 방법으로 계산합니다. ㄱ 글자 인식 노드는 순입력이 2가 되는군요. 이 값이 ㄱ 글자 인식노드의 임계치 4보다 작으니 출력은 0이군요.

ㄴ 글자 인식노드의 출력을 구할 때에는 ㄱ 인식노드와 O 인식노드가 없다고 생각하고 구합니다. ㄴ 글자 인식 노드는 순입력이 2로서 역시 임계치 4보다 작으니 0을 출력해요.

마지막으로 O 글자 인식 노드의 출력을 구할 때에도 ㄱ 인식 노드와 ㄴ 인식노드는 생각하지 말고 구하면 되겠죠? O 인식 노드의 연결선의 제일 위의 선부터 입력 벡터의 원소와 가중치를 곱하고, 이 곱한값 9개를 더해 볼까요? O 인식 노드의 순입력은

$0×0 + 1×1 + 0×0 + 1×1 + 0×0 + 1×1 + 0×0 + 1×1 + 0×0 = 4$ 입니다.

순입력이 이 노드의 임계치 3보다 큽니다. 따라서 출력은 1입니다. 3개 노드의 출력을 차례로 쓰면 0, 0 ,1이 됩니다. 이 출력값을 세로로 정렬한 데이터를 **출력 벡터(output vector)**라고 합니다. 즉

$$\text{출력벡터} = \begin{bmatrix} 0 \\ 0 \\ 1 \end{bmatrix}$$

이군요. 이제 신경망의 ㄱ 인식 노드는 "이 글자는 ㄱ 이 아니야"라고 하고, ㄴ 인식 노드는 "이 글자는 ㄴ이 아니야"라고 하고, O 노드는 "이 글자는 O 이야"라고 하지요. 정확하게 답하고 있습니다.

## 2. ㄱ 글자 벡터가 입력되었을 때

이제 이 신경망에 ㄱ 글자 벡터를 입력하고 출력을 구해보세요. 세개 노드의 출력은 차례로 1,0,0 이지요? 즉 ㄱ 글자 인식 노드만 1 이라고 하는군요. ㄱ 글자 인식 노드가 "이 글자는 ㄱ 이야"라고 말하네요. 역시 정확히 분류하고 있군요.

## 3. ㄴ 글자 벡터가 입력되었을 때

이번에는 ㄴ 글자 벡터가 입력되었다고 생각하고 출력을 구해보세요. 출력이 차례로 0, 1, 0 이 됩니다. 역시 신경망은 "현재 입력된 글자는 ㄴ 이야"라고 올바르게 판정하고 있습니다.

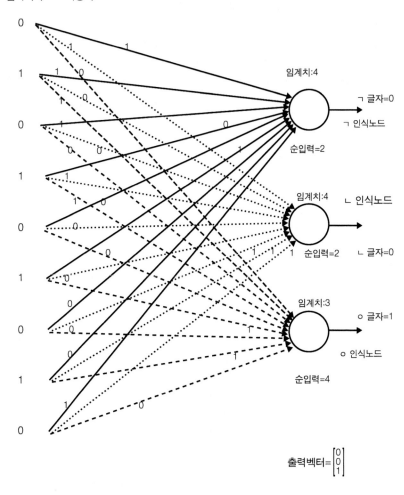

페가시 행성 세글자 인식 신경망에 O 글자를 입력할 때

## 엔드좀(Endzom) 사의 출입문

좀비 치료제를 개발하는 엔드좀 사는 이제 거의 치료제 개발이 끝나갑니다. 그런데 이 소식을 들은 경쟁 회사들의 산업 스파이들이 호시탐탐 치료제의 임상 실험 데이터를 노리고 있군요. 임상 실험을 위해 2년간 남해의 외딴 섬에서 실험을 해 왔어요. 얼마 전에는 좀비들의 탈출 소동도 있었지요. 달아난 좀비들을 겨우 다시 잡아 들였답니다.

엔드좀 사는 실험 데이터가 저장된 데이터센터의 보안을 강화하기로 했습니다. 노패스(NoPass)사가 개발한 최신의 얼굴인식 시스템을 출입문에 설치하였죠. 출입문을 들어가려면, 먼저 출입문 옆의 키보드로 주민등록번호를 눌러야 하는 군요. 그 다음에 카메라로 얼굴을 찍게 되어 있어요.

토요일 노패스사의 엔지니어가 설치된 시스템이 정상적으로 동작하는지 테스트 해보고 있군요. 출입문의 키보드를 누르네요. 7-6-0-3-** 1-0-2-0***. 그리고 카메라에 얼굴을 비춥니다. 시스템이 문을 열어주면서 말하는군요.

"반가와요, 곤잘레스. 오늘도 즐거운 하루 되세요."

얼굴인식 시스템의 데이터베이스에는 모든 직원들의 얼굴 특징들이 저장되어 있어요. 각 직원의 얼굴 특징은 키보드로 입력한 주민등록 번호로 검색할 수 있어요. 이 얼굴 특징들중에는 직원의 왼쪽과 오른쪽 검은 눈동자의 위치도 등록되어 있어요. 사람들마다 눈동자의 위치는 다르니까요.

## 눈동자는 제자리에 있나요?

이제 출입문의 카메라에 찍힌 얼굴이, 주민등록번호로 검색된 직원의 얼굴 특징을 실제로 갖고 있는지 검사해 보아야 하겠어요. 우선, 카메라에 찍힌 양쪽 눈동자가 데이터베이스에 등록된 위치에 있는지 확인해야겠군요. 시스템은 우선 카메라에 찍힌 영상으로부터 눈동자만 추출해내지요. 눈 부근의 영상에서 가장 검은 영역만 찾아냅니다. 추출된 영상을 '양쪽 눈동자 영상'으로 부르도록 하지요.

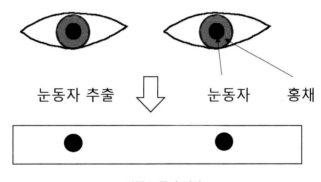

양쪽 눈동자 영상

1개의 눈동자 영상은 9개의 검은 점과 흰 점으로 이루어 집니다. 검은 점을 1로 나타내고, 흰점을 0으로 나타내면 9개 원소를 갖는 눈동자 행렬이 되는군요. 이 행렬은 마치 'O'글자 행렬과 비슷하지 않나요?

글자 벡터를 만드는 방법을 사용하면, 눈동자 행렬을 눈동자 벡터로 변환할 수 있지요. 즉, 눈동자 행렬의 처음 행의 원소들을 왼쪽 원소에서부터 오른쪽 원소 방향으로 차례로 정렬하고, 그 다음 두 번째 행의 원소들을 왼쪽에서부터 오른쪽으로 차례로 정렬하고, 마지막으로 마지막 행의 원소들을 왼쪽에서부터 오른쪽으로 정렬합니다.

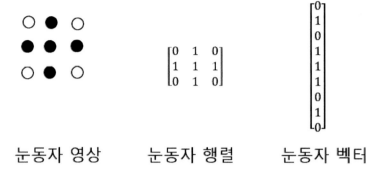

눈동자 영상　　　눈동자 행렬　　　눈동자 벡터

## 눈동자 인식기

이 시스템은 카메라에 찍힌 양쪽 눈동자가 등록된 위치에 있는지를 확인하기 위해 눈동자 인식기를 사용했군요. 지금부터 입력 벡터가 눈동자인지 아닌지를 구별하는 눈동자 인식기를 설계해 볼까요? 다시 단일 클래스 인식 문제입니다.

### ■ 구조 설계와 파라메타 값 지정

눈동자 인식기의 입력은 9개 원소를 갖는 벡터로 주어집니다. 단일 클래스 문제이니, 각 원소와 완전 연결되는 한 개의 계산 노드를 만듭니다. 연결선의 가중치는 어떻게 할까요? 맞아요. 가중치 벡터는 눈동자 벡터와 같게 둡니다. 즉, 첫째 연결선의 가중치는 눈동자 벡터의 첫째 원소로 두고, 둘째 연결선의 가중치는 눈동자 벡터의 둘째 원소로 둡니다. 아홉번째 연결선의 가중치는 눈동자 벡터의 아홉번째 원소가 되겠군요. 임계치는 4로 두지요. 이제 그림과 같은 눈동자 인식기를 설계하였습니다.

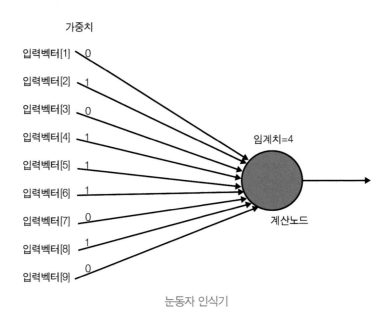

눈동자 인식기

## ■ 테스트 데이터 수집

설계된 눈동자 인식기가 잘 동작되는지 확인해 볼까요? 확인을 위해서는 인식기가 작동할 때, 신경망에 실제로 입력되는 데이터들을 수집해야 한답니다. 이러한 데이터를 **테스트 데이터(test data)**라고 하고, 정확히 확인하기 위해서는 테스트 데이터의 수집이 중요해요. 눈동자가 등록된 위치에 있을 때 발생하는 입력 벡터와, 눈동자가 등록된 위치가 아닌 곳에 있을 때 발생하는 입력 벡터들을 수집했어요.

## ■ 눈동자 인식기의 테스트 데이터 수집

앞에서 카메라에 찍힌 영상으로부터 '양쪽 눈동자 영상'을 구했어요. 이 '양쪽 눈동자 영상'에, 주민등록번호로 검색한 직원의 등록된 눈동자 위치를 점선으로 나타냅니다. 이 위치를 눈동자의 등록 위치라고 합니다. 즉, 등록 위치는 검색된 직원의 눈동자가 있어야 할 위치인 것이죠. 각 눈동자의 등록 위치는 9개 점을 포함하는 점선입니다.

여기서는 한쪽 눈동자만 생각해보지요. 그림에서처럼 '양쪽 눈동자 영상'에서 짐신안에 있는 9개 원소들이 눈동자 인식기의 입력 벡터가 됩니다. 만약 카메라에 찍힌 눈동자가 등록된 위치에 있다면, 점선내의 9개 원소는 그림 a 처럼 눈동자 영상과 같군요. 따라서 이때의 입력 벡터는 당연히 눈동자 벡터입니다.

만약 카메라에 찍힌 눈동자가 점선의 등록된 위치보다 한 줄 오른쪽에 있다면, 등록된 위치안에 있는 '양쪽 눈동자 영상'은 그림 b가 되겠죠? 이 때의 입력 벡터가 그림에 있군요.

만약 찍힌 눈동자가 등록된 위치보다 두 줄 오른쪽에 있다면, 등록된 위치에 있는 '양쪽 눈동자 영상'은 그림c가 됩니다. 그림 d는 찍힌 눈동자가 한 줄 만큼 왼 쪽에 있을 때의 입력 영상이고, 그림e는 찍힌 눈동자가 한 줄 위에 있을 때의 입력 영상이죠. 그림f는 찍힌 눈동자가 한 줄 아래에 있을 때의 입력 영상입니다.

이 외에도 카메라에 찍힌 눈동자가 등록된 위치보다 두 줄 위에 있을 때, 두 줄 아래에 있을 때, 혹은 세 줄 오른쪽에 있을 때등 다양한 경우가 있어요. 이 때의 점선내의 입력 영상과 입력 벡터들을 직접 구해 보세요. 만약 검출된 눈동자가 등록된 위치보다 세줄 오른쪽에 있다면 점선안에는 눈동자의 검은 부분이 없으니, 9개 원소 모두 0입니다! 각각의 입력 영상은 눈동자인식기에 연결될 때는 글자 영상처럼 입력 벡터 형식으로 바뀌어지겠죠?

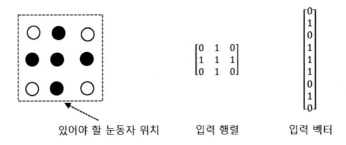

있어야 할 눈동자 위치       입력 행렬       입력 벡터

a.눈동자가 제 위치에 있을 때의 입력 벡터

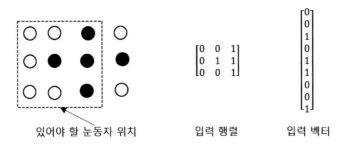

있어야 할 눈동자 위치       입력 행렬       입력 벡터

b.눈동자가 오른쪽으로 한 줄 이동되었을 때의 입력 벡터

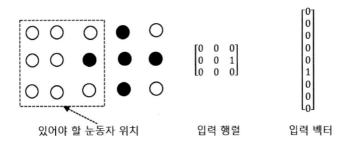

있어야 할 눈동자 위치       입력 행렬       입력 벡터

c.눈동자가 오른쪽으로 두 줄 이동되었을 때의 입력 벡터

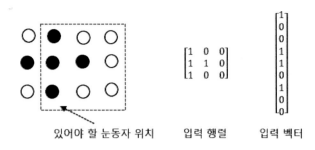

있어야 할 눈동자 위치    입력 행렬    입력 벡터

d.눈동자가 왼 쪽으로 한 줄 이동되었을 때의 입력 벡터

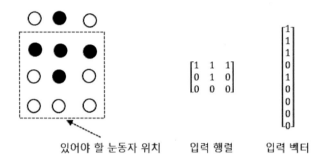

있어야 할 눈동자 위치    입력 행렬    입력 벡터

e.눈동자가 위 쪽으로 한 줄 이동되었을 때의 입력 벡터

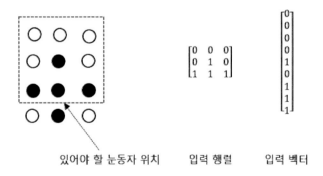

있어야 할 눈동자 위치    입력 행렬    입력 벡터

f.눈동자가 아래 쪽으로 한 줄 이동되었을 때의 입력 벡터

## ▪ 눈동자 인식기의 계산

### 1. 눈동자가 등록된 위치에 있을 때

카메라에 찍힌 눈동자가 등록된 위치에 있다고 가정 하지요. 이때의 입력 벡터는 물론 눈동자 벡터와 같지요. 출력을 계산해 볼까요? 순입력은 각 연결선의 가중치와 연결된 입력벡터의 원소와 곱한 후, 이 곱한 값들을 더하면 되겠군요. 순입력은

$$0\times0+1\times1+0\times0+1\times1+1\times1+1\times1+0\times0+1\times1+0\times0=5$$

이군요. 순입력이 임계치 4보다 크니까 출력은 1입니다. 즉 "현재 등록된 위치에 있는 입력 영상은 눈동자이다"라고 말하지요.

### 2. 눈동자가 등록된 위치보다 한 줄 오른쪽에 있을 때

만약 눈동자가 등록된 위치보다 한 줄 오른쪽에 찍혀 있다고 가정하지요. 이때에는 그림b 의 입력 벡터가 신경망에 연결되는구요. 노드의 순입력은

$$0\times0+1\times0+0\times1+1\times0+1\times1+1\times1+0\times0+1\times0+0\times1=2$$

가 되지요.

이 값이 임계치보다 작으니 출력은 0입니다. 즉 "등록된 위치에 있는 입력 영상은 눈동자가 아니다"라고 말합니다.

이제 눈동자가 등록된 위치보다 두 줄 오른쪽에 찍혀 있을 때를 생각해보세요. 입력 벡터c를 연결했을 때 인식기의 출력을 구해보세요. 0이 되죠? 나머지 테스트 데이터에 대해서도 계산해보세요. 모두 0이 나옵니다.

다음 소개되는 양쪽 눈동자 위치 확인기는 눈동자 인식기를 사용하는 방식이니, 눈동자 인식기를 다시 정리하고, 잠시 쉬었다가 읽어봐도 좋답니다.

## 양쪽 눈동자 위치 확인기

### ■ 구조설계와 파라메터값 지정

인간의 신경계에서는 하나의 신경세포가 다른 세포로 신호를 전달한다고 했지요? 노드가 3개인 페가시 글자인식 신경망에서는 신경세포 역할을 하는 노드의 출력이 다른 노드로 연결되어 있지 않군요. 따라서 노드의 출력을 다른 노드로 전달할 수 없었어요. 이제부터 소개하는 신경망은 노드들끼리 연결되어 노드에서 계산한 출력이 다른 노드의 입력으로 전달된답니다.

지금부터는 데이터베이스에 미리 등록된 양쪽 눈동자의 위치에, 카메라에 찍힌 양쪽 눈동자가 정확하게 있는지를 검사하는 신경망을 설계합니다. 이 신경망의 입력 영상은 앞에서 추출한 '양쪽 눈동자 영상'입니다. 이 신경망은 총 3개의 계산노드로 만들어집니다. 우선, 카메라에 찍힌 왼쪽 눈동자가 데이터베이스에 등록된 위치에 있는 지를 확인하는 노드를 둡니다. 이 노드를 앞으로 왼노드라고 부르도록 해요. 마찬가지로 오른쪽 눈동자의 등록된 위치에

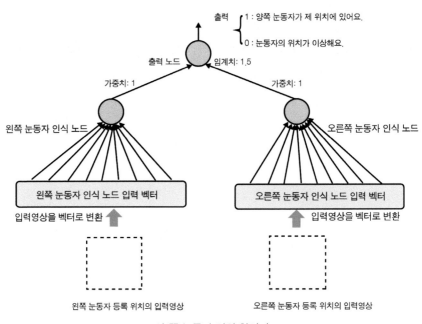

출력 { 1 : 양쪽 눈동자가 제 위치에 있어요.

0 : 눈동자의 위치가 이상해요.

출력 노드   임계치: 1.5

가중치: 1   가중치: 1

왼쪽 눈동자 인식 노드   오른쪽 눈동자 인식 노드

왼쪽 눈동자 인식 노드 입력 벡터   오른쪽 눈동자 인식 노드 입력 벡터

입력영상을 벡터로 변환   입력영상을 벡터로 변환

왼쪽 눈동자 등록 위치의 입력영상   오른쪽 눈동자 등록 위치의 입력영상

양 쪽 눈동자 위치 확인기

카메라에 찍힌 오른쪽 눈동자가 있는지를 확인하는 노드를 둡니다. 이 노드를 오른노드라고 부르도록 해요. 오른노드와 왼노드는 모두 앞에서 설계한 눈동자 인식기입니다.

## 입력 벡터 만들기

'양쪽 눈동자 영상'에서 왼쪽 눈동자의 등록 위치에 있는 9개 원소를 벡터로 만듭니다. 이 벡터를 왼노드 입력벡터로 부르고, 이 벡터를 왼노드에 연결합니다. 마찬가지로, '양쪽 눈동자 영상'에서 오른쪽 눈동자의 등록 위치에 있는 9개 원소를 벡터로 만듭니다. 이 벡터를 오른노드 입력벡터로 부르고, 이 벡터를 오른노드에 연결합니다. 이 신경망의 전체 입력 벡터는 왼노드 입력벡터와 오른노드 입력벡터를 연결한 벡터가 되고, 총 18개 원소를 갖는군요.

왼노드는 오른노드 입력벡터와는 연결되지 않아요. 또한 오른노드는 왼노드 입력벡터와는 연결되지 않아요. 즉 왼노드와 오른노드는 완전 연결이 아닙니다. 이와 같이 노드가 입력벡터의 일부분에만 연결되는 방식을 **지역적 연결(local connection)**이라고 합니다.

## 가중치 공유

오른노드와 왼노드는 모두 같은 눈동자 인식기이니까, 연결선의 가중치와 임계치는 당연히 같겠죠? 신경망에서는 이것을 '노드들이 가중치를 **공유 (share)**한다'고 합니다.

## 출력 노드

왼노드와 오른노드는 화살표를 따라가면 또 다른 노드와 연결되어 있군요. 연결된 최상위 노드는 사용자에게 계산된 값을 최종적으로 전달한다는 의미에서 출력노드(output node)라고 부릅니다.

## 은닉 노드

반면에 왼노드와 오른노드는, 이 노드들이 계산한 값을 사용자는 알 수 없다는 의미에서 은닉 노드(hidden node)라고 부릅니다. 여러 개의 은닉 노드가 세로,혹은 가로 방향으로 배열되어 있을 때, 이를 **은닉층(hidden layer)**이라고 합니다.

출력 노드도 신경세포 역할을 한답니다. 출력 노드에 연결된 두개의 선에 모두 가중치 1을 저장합니다. 출력 노드의 임계치는 1.5를 저장합니다. 출력노드의 순입력은 어떻게 구할까요? '1x왼노드의 출력값 + 1x오른노드의 출력값' 이 순입력이 되는군요. 이 순입력이 임계치 1.5보다 크면 출력은 1이 됩니다. 즉 양쪽 눈동자가 등록된 위치에 있다는 것이죠. 만약 순입력이 1.5보다 작으면 출력은 0이 되겠죠. 즉 양쪽 눈동자가 등록된 위치에 없다는 뜻입니다.

## ■ 양쪽 눈동자 위치 확인기의 계산

### 1. 양쪽 눈동자가 제자리에 있군요

카메라에 찍힌 얼굴이 실제 주민등록번호로 검색된 직원의 얼굴이라고 가정해보세요. 이때의 카메라에 찍힌 양쪽 눈동자의 위치는 직원의 등록된 양쪽 눈동자 위치와 같겠지요?

즉, 왼쪽 눈동자의 등록 위치에는 카메라에서 찍힌 왼쪽 눈동자가 있습니다. 따라서 왼노드의 입력벡터는 눈동자 벡터가 됩니다. 따라서 왼노드는 1을 출력합니다. 마찬가지로 오른쪽 눈동자의 등록 위치에는 카메라에서 찍힌 오른쪽 눈동자가 있습니다. 즉, 오른 노드의 입력벡터는 눈동자 벡터가 됩니다. 따라서 오른 노드도 1을 출력합니다. 자! 이제 출력 노드를 볼까요? 출력 노드로는 왼노드가 출력한 값과 오른노드가 출력한 값이 전달되는 군요. 이때 연결선의 가중치가 곱해져서 전달되겠죠.

왼노드로 연결선의 가중치 x 왼노드의 출력값 + 오른노드로 연결선의 가중치x오른노드의 출력값 = 1×1+1×1=2가 출력 노드의 순입력이군요. 이 값이 출력 노드의 임계치 1.5 보다 크지요. 따라서 출력 노드는 1을 출력합니다. 즉, "양쪽 눈동자가 제자리에 있어요."라고 말하는 군요.

왼쪽 눈동자 등록 위치            오른쪽 눈동자 등록 위치

## 2. 양 눈 사이가 좁은 사람이 찍혔네요

직원이 아닌 수상한 사람이 어떤 직원의 주민등록번호를 키보드로 눌렀어
요. 데이터베이스에서 검색된 직원의 눈동자 등록위치와 이 사람의 눈동자
위치가 다르군요.

카메라에 찍힌 오른쪽 눈동자만 직원의 등록된 눈동자 위치에 있군요. 카메
라에 찍힌 왼쪽 눈동자는 등록된 위치보다 한 칸만큼 오른쪽에 있네요. 양눈
사이가 좁은 사람이예요. 왼노드의 입력벡터는 눈동자 벡터가 아니니까,출
력값은 0이고, 오른노드는 눈동자 벡터가 입력으로 주어지니까 출력값은 1
입니다. 출력노드에는

왼노드로 연결선의 가중치 × 왼노드의 출력값 + 오른노드로 연결선의 가중
치x오른노드의 출력값

$= 1 \times 0 + 1 \times 1 = 1$

이 순입력으로 주어집니다. 이 값은 임 계치인 1.5 보다 작군요. 따라서 출력
노드는 0을 출력해요. 즉 "눈동자위치가 달라요."라고 말하는 군요.

왼쪽 눈동자 등록 위치     오른쪽 눈동자 등록 위치

## 3. 양 눈 사이가 넓은 사람이 찍혔네요

직원이 아닌 수상한 사람이 어떤 직원의 주민등록번호를 키보드로 눌렀어요. 이 사람은 검색된 직원보다 양 눈 사이가 넓군요. 눈동자 사이의 거리가 직원보다 멀어요.

왼쪽 눈동자는 등록된 위치보다 한 줄 왼쪽에 찍혔군요. 오른쪽 눈동자는 등록된 위치보다 두 줄 오른쪽에 찍혔습니다. 왼노드의 입력벡터는 눈동자 벡터가 아니니까, 0을 출력하고, 오른노드도 입력벡터가 눈동자 벡터가 아니니까 역시 0을 출력합니다. 따라서 출력 노드의 순입력은 1x0 + 1x0 = 0 이군요. 순입력이 임계치보다 작으니 출력 노드는 0을 사용자에게 전합니다. "눈동자 위치가 달라요."라고 하는군요.

왼쪽 눈동자 등록 위치     오른쪽 눈동자 등록 위치

# 칵테일 파티

오늘은 이번 학기 인공지능 수업이 끝난 날이에요. 매년 김교수님은 마지막 날이면 이렇게 학교 카페에서 칵테일파티를 연 답니다. 오늘은 카페에서 틀어 둔 음악이 너무 시끄럽군요. 뒷 테이블에 앉아 있는 세연이는, 이 카페의 아마존 컨볼루셔너 음료가 맛있다고 큰 소리로 칭찬 중이군요. 옆자리의 스페인에서 온 곤잘레스와 대화하기 위해서, 스마트폰의 실시간 통역기를 틀었어요.

"오늘 본 인공지능 시험문제가 어땠어?"

앗! 그런데 음악소리와 세연이 목소리 때문인지 통역이 전혀 되지 않네요.

사람은 음악이 시끄러운 파티장에서 여러 명이 말을 하더라도, 나와 대화하는 사람들의 목소리는 구별해서 알아 들을 수 있지요. 컴퓨터는 이런 환경에서는 음성을 인식하지 못하네요. 이것이 바로 지난 시간에 배운 **'칵테일 파티 문제(cocktail party problem)'**이군요. 빨리 **신호 분리(signal separation)** 기술이 개발되어 음성과 배경음악을 분리할 수 있으면 좋겠어요. 이 기술이 완

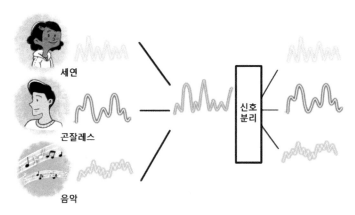

칵테일 파티 문제

성되면, 여러 명이 동시에 말해도 인공지능이 각자의 목소리를 따로따로 분리할 수 있다는 군요

## 심층 신경망

현대의 신경망 구조의 특이한 점은 은닉층이 매우 많고, 각 층의 은닉 노드의 수도 많다는 것입니다. 다음의 신경망에는, 세로방향으로 배열된 은닉층이 다수 개 있지요. 입력 데이터와 가까운 층부터 번호를 매겨 1번째 은닉층, 2번째 은닉층, … 으로 부른답니다. 제일 마지막 은닉층 다음에는 출력 노드를 세로로 배열한 층이 있지요. 이를 **출력층(output layer)**이라고 한답니다.

한 은닉층의 노드의 출력은 다음 은닉층의 노드로 연결되는군요. 그림에서는 은닉층간의 연결선을 모두 그리기에는 너무 복잡하여 일부는 생략하였습니다. 그림에서 입력 벡터의 검은 점은 입력 벡터의 1개 원소를 나타냅니다.이와 같이 은닉층이 1개라도 있는 신경망을 **다층(multi layer) 신경망**이라

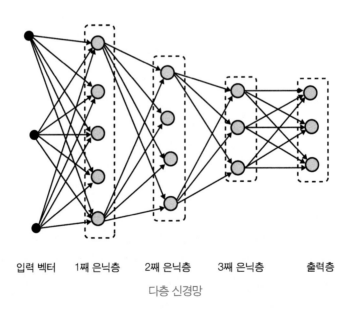

입력 벡터    1째 은닉층    2째 은닉층    3째 은닉층    출력층

다층 신경망

고 한답니다. 앞에서 소개한 양쪽 눈동자 위치 확인기는 1개의 은닉층을 갖고 있는 다층 신경망입니다. **심층 신경망(deep neural network)**의 심층이란 의미는 은닉층이 많다는 뜻입니다.

## 심층 신경망의 계산

처음에 이렇게 복잡한 신경망을 볼 때 드는 의문은 '어느 노드부터 먼저 계산해야 하나?'하는 것이지요. 계산순서는 입력벡터에 가까운 노드들부터 먼저 계산하게 됩니다.

입력벡터가 주어지면, 입력에 가까운 1번째 은닉층의 은닉 노드들이 먼저 계산됩니다. 1번째 은닉층의 모든 노드들은 동시에 계산되지요. 즉, 각 은닉 노드는 현재의 입력 벡터와 자신의 파라메터를 이용해 값을 계산합니다.

1번째 은닉층의 모든 노드들이 자신의 출력값을 계산하고 나면, 계산된 값은 다음 2번째 은닉층의 노드로 연결선을 따라 전달됩니다. 2번째 은닉층의 은닉 노드는 1번째 은닉층의 노드의 출력에 연결선의 가중치를 곱한후 곱한 값을 더하여 순입력을 구합니다. 2번째 층의 은닉 노드는 이 순입력이 임계치보다 크면 1, 아니면 0을 출력하겠죠.

2번째 은닉층의 모든 노드가 계산이 끝나면 이 계산된 값들이 3번째 은닉층의 노드들로 전달된답니다. 3번째 층의 은닉 노드는 2번째층의 은닉 노드의 출력과 가중치를 이용해 순입력을 구하고, 자신의 임계치와 비교하여 출력을 계산합니다.

이같은 과정을 반복하여, 제일 마지막 은닉층까지 계산이 되면, 마지막 은닉층의 계산된 값들이 최종 출력 노드로 전달되지요. 출력노드에서는 이 전달된 값과 연결선의 가중치를 사용하여 순입력을 계산하고, 임계치와 비교하여 구한 값을 사용자에게 출력합니다.

## 왜 심층인가?

일반적으로 입력데이터에 가까운 은닉층의 노드들은 단순한 특징들을 추출해내고, 다음 은닉층의 노드는 이전 은닉층이 추출한 특징을 결합하여 조금 더 복잡한 특징을 검출하게 됩니다. 최근에 인식, 예측등 다양한 분야에서 우수한 성능을 보이고 있는 **심층 신경망(deep neural network)**은 은닉층과 은닉 노드들을 많이 둠으로써 훨씬 복잡하고 어려운 문제들도 해결 할 수 있게 되었답니다.

단, '은닉층을 몇 개로 할 것인가? 각 층의 은닉 노드의 개수는 몇 개로 할 것인가?' 에 답할 수 있는 정해진 규칙은 없습니다. 즉, 개발하고자 하는 시스템에 따라 달라지며, 이 답을 찾는 것은 다음장에서 소개할 기계 학습의 하나의 주제입니다.

IBM의 Watson 인공지능 연구그룹에서는 지금과 같은 컴퓨터의 발달 속도라면, 약 20여년후에는 심층 신경망이 인간의 뇌세포 수만큼의 계산 노드를 갖게 될 것으로 예측하고 있답니다.

인간이 아직은 기계보다 우수한 칵테일 파티 문제에서도, 최근 심층 신경망 기술을 사용하여 여러 명이 동시에 말하더라도 각자의 목소리를 분리하고자 하는 연구가 활발히 진행되고 있답니다.

# 코딩

1. ㄱ 글자 인식 신경망 프로그램을 작성하세요. 입력으로 9개 원소를 갖는 배열이 주어집니다. 각 입력원소에 곱해지는 가중치는 ㄱ 글자벡터의 원소가 됩니다. 프로그램은 순입력을 구하고, 저장된 임계치와 비교하여, 입력벡터가 ㄱ 이면 1을 출력하고 아니면 0을 출력합니다.

2. 작성된 ㄱ 글자 인식 신경망 프로그램에 ㄱ 글자 벡터를 입력하여, 출력이 1인지 확인하세요.

3. 작성된 ㄱ 글자 인식 신경망 프로그램에 O 글자 벡터를 입력하여 0이 출력되는지 확인하세요.

4. 세 글자 인식신경망 프로그램을 작성하세요.

5. 작성된 세 글자 인식 신경망 프로그램에 ㄱ 글자 벡터를 입력해보세요. ㄱ 인식 노드의 출력값이 1인지 확인하세요. ㄴ과 O인식 노드의 출력값이 0인지 확인하세요.

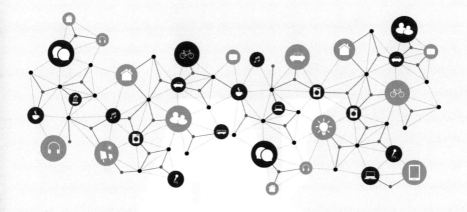

Artificial Intelligence

# CHAPTER 8

# 산 내려가기

Artificial Intelligence

기울기

경사 하강 알고리즘

기계학습

자동차는 무슨 종류인가요?

    파라메터의 개수

넓적 사슴벌레와 왕 사슴벌레

    훈련 데이터

    사슴벌레 분류 신경망

        학습 알고리즘의 기호

        학습 알고리즘

        학습과정

    검증

    에폭

    제곱오차

상품추천

    고객 유형분류 신경망

코딩

강원도 오대산 근처에는 코로나의 특효약인 '세토사 아이리스(setosa iris)'가 있다는 소문이 돌고 있어요. 테일러는 어제부터 오대산 근처에서 이 꽃을 찾고 있지만, 벌써 사람들이 깡그리 채집해 갔는지 보이지를 않네요. 점점 깊은 산으로 올라가 봅니다.

꽤 높이 올라온 것 같은데 길을 잃어버렸어요. 여름이어서 나무들이 울창하여 한 치 앞을 볼 수가 없군요. 이제 배낭의 음식도 동이 나고, 마실 물도 거의 떨어져 가요. 날이 저물기 전에 마을로 내려가야 겠어요. 마을은 산의 높이가 가장 낮은 계곡에 있답니다.

이런! 스마트폰도 방전되어 꺼져 버렸네요. 빨리 산을 내려가서 마을에 도착해야 할텐데, 어느 방향으로 어떻게 내려가죠?

## 기울기

나무가 **빽빽**한 이 산속에서, 어디에 산꼭대기가 있고, 어디에 계곡이 있는지를 알 수가 없네요. 계곡으로 내려가는 도중에는, 항상 현재 위치의 정보만 사용해서 산을 내려가야만 해요. 이제 이런 목적으로 개발된 인공지능의

**경사 하강(gradient descent)** 알고리즘을 소개하지요.

경사란 기울기를 말한답니다. "저 미끄럼틀은 기울기가 너무 가파르다.", "의자 등받이의 기울기를 조절하세요." 등 일상생활에서 기울기란 단어를 많이 사용하지요.

지금부터 기울기를 정확히 정의해 볼까요? 그림 a의 '가' 지점에서 '나' 지점으로 이동했어요. 이때 수평 방향으로 이동한 거리를 x라고 하고, 수직 방향으로 높아진 거리를 y 라고 합니다. 만약 그림b처럼 '가' 지점에서 '나' 지점으로 이동했더니, 높이가 반대로 낮아졌다면, 낮아진 높이에 음수 기호를 붙인 값이 y 가 됩니다. 즉, 높아지면 y는 양수, 낮아지면 y는 음수가 되지요.

이제 기울기는 간단히 y÷x 로 계산되고 높이가 높아지면 기울기는 양수, 낮아지면 음수가 됩니다. 사실 이 기울기는 수학의 미분과 밀접한 관계가 있답니다.

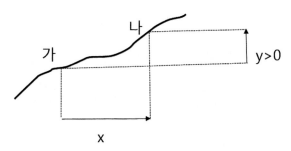

a. 기울기는 양수, $\frac{y}{x} > 0$

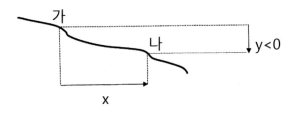

b. 기울기는 음수, $\frac{y}{x} < 0$

지금 있는 지점에서의 산의 기울기를 다음과 같이 계산해 봤어요. 동쪽으로 한 걸음 50cm 움직였을 때 산의 높이가 20cm 높아졌군요. 그러면 동쪽 방향으로 산의 기울기는 20÷50 = 0.4입니다. 이제 북쪽으로 한걸음 50cm 이동 했더니, 10cm 높이가 낮아졌어요. 그러면 북쪽 방향으로 기울기는 −10÷50 = −0.2 입니다.

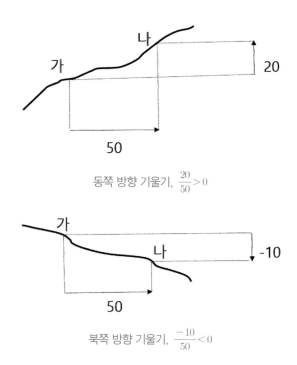

동쪽 방향 기울기, $\dfrac{20}{50} > 0$

북쪽 방향 기울기, $\dfrac{-10}{50} < 0$

## 경사 하강 알고리즘

산을 내려가기 위한 경사 하강 알고리즘은 다음의 1단계와 2단계를 반복하는 알고리즘입니다. 이해를 돕기 위해, 항상 현재 위치에서 동, 서, 남, 북 중에서 한 방향으로 한걸음씩 이동한다고 가정합니다. 이런 반복 알고리즘에서는, 항상 언제 알고리즘이 끝나는 지(이를 **종료조건**이라고 함)를 분명히 기술해야 합니다. 아니면 프로그램은 끝없이 반복만 하겠죠.

- 1단계.
  지금 지점이 마을인지 확인하세요. 마을이면 알고리즘을 끝냅니다. 아니면, 지금 지점에서 동, 서, 남, 북 모든 방향으로 기울기를 구하세요. 다음의 2단계로 갑니다.
- 2단계.
  동, 서, 남, 북 방향 중에서 기울기가 가장 작은 쪽으로 한 걸음 이동합니다. 즉, 높이가 가장 많이 낮아지는 방향으로 한걸음 이동합니다. 그리고 위의 1단계로 되돌아 갑니다.

이 알고리즘의 핵심은 매번 현재 지점에서 가장 많이 높이가 낮아지는 방향으로 이동한다는 것이죠.

이 단순해 보이는 경사 하강 알고리즘은 심층신경망의 학습 알고리즘의 뼈대가 된답니다. 흥미롭지 않나요?

## 기계학습

컴퓨터가 사람처럼 경험을 쌓아가면서 문제를 점점 잘 해결할 수 있을까요? 사람은 곱셈과 나눗셈 문제를 계속 풀다보면 점점 실력이 늘어서, 나중에는 어려운 문제도 풀 수 있잖아요.

프로그래머가 그림 퍼즐을 푸는 알고리즘을 세우고 코딩하는 대신에, 컴퓨터가 스스로 규칙을 발견하여 프로그램을 작성할 수는 없을까요? 이는 모든 인공지능 학자들의 영원한 연구 주제였습니다. 이러한 주제를 기계학습(machine learning)이라고 합니다.

신경망 알고리즘에서 가중치와 임계치는 항상 값을 생각해서 정할 수 있을까요 ?

페가시 행성의 글자 인식 문제는 글자의 클래스도 3개로 적고, 입력 벡터의 원소가 9개로서 규모(scale)가 작은 문제입니다. 또한 클래스간의 영상도 쉽게 구별이 가능한 단순한 문제이지요. 이와 같이 규모가 작은 문제들은 클래스의 영상들을 비교해서 파라메터들의 값을 미리 정할 수 있답니다.

## 자동차는 무슨 종류인가요?

그러나 현실적인 문제를 볼까요? CCTV 카메라에 찍힌 영상에서 자동차의 종류를 인식하는 시스템을 설계하려고 합니다. 자동차를 SUV, 승용차, 스포츠카, 버스, 그리고 트럭등 총 5개 클래스로 분류하고자 해요. CCTV에서 찍힌 영상으로부터 100개 원소를 갖는 입력 벡터를 구했습니다.

자동차의 5 가지 종류

이제 신경망을 설계해 볼까요? 먼저 구조를 설계해야 합니다. 꼭 이 구조만 있는 것은 아니지만, 다음의 일반적인 구조를 사용해보지요. 은닉 노드 10개를 갖는 은닉층 1개가 있는 2층 신경망의 구조를 채택하겠습니다. 출력 노드는 한 자동차 유형당 1개씩 해서 총 5개이군요. 이제 은닉노드들은 입력 벡터에 완전연결하고, 각 출력 노드는 은닉 노드와 완전연결합니다. 각 노드가 퍼셉트론 형식의 노드이면 전체 파라메터의 개수는 얼마일까요?

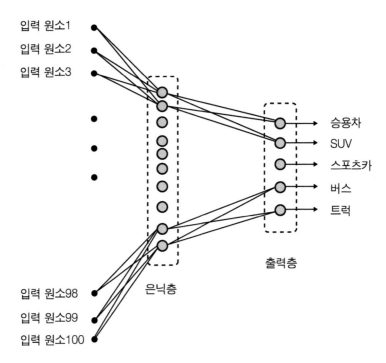

입력 원소1

입력 원소2

입력 원소3

승용차

SUV

스포츠카

버스

트럭

출력층

입력 원소98

은닉층

입력 원소99

입력 원소100

자동차 종류 분류 신경망

## 파라메터의 개수

1개의 은닉 노드는 입력 벡터의 모든 원소와 연결되니, 가중치의 개수는 100이죠. 여기에 임계치가 있으니, 1개의 은닉 노드에 필요한 파라메터는 101개입니다. 은닉 노드의 개수가 10개이니, 은닉층의 파라메터의 총수는 101×10=1,010이군요.

1개의 출력 노드는 10개의 은닉 노드와 연결되니까, 1개의 출력 노드에 필요한 파라메터는 10개의 가중치와 1개의 임계치를 더해서 11개입니다. 출력층의 총 파라메터개수는 11×5=55 입니다.

이제 총 파라메터의 개수는 1,010+55=1,065이군요. 어마어마하군요! 그러나 실제 사용되는 신경망은 이것보다 큰 규모의 신경망도 허다합니다. 알파고 바둑 프로그램에는 수백만개의 연결선이 있답니다.

약 1,000개의 파라메터들을 정확한 값으로 배정하는 것은 대단히 어려운 문제입니다. 파라메터의 개수가 많다는 문제외에도, CCTV에 찍힌 동일한 자동차 차종은 모양이 글자의 모양과는 달리 매우 다양하죠? 보이는 각도에 따라 동일한 차종도 다른 모양을 띠게 됩니다. 결과적으로 사전에 생각해서 파라메터의 값을 결정한다는 것은 매우 어려운 문제입니다.

자동차 종류 인식기에서 보듯이, 파라메터의 값을 처음부터 올바른 값으로 줄 수 없으니, 처음에는 임의의 값으로 주었다가 조금씩 올바른 값으로 수정해 나가면 어떨까요?

신경망에서는 이러한 알고리즘을 기계 학습이라고 해요. 대부분의 학습 알고리즘에서는 경사하강방식을 사용하여, 파라메터를 매번 얼마나 수정할 것인가를 계산합니다.

## 넓적 사슴벌레와 왕 사슴벌레

이제 기계학습 알고리즘을 소개하기 위해 사슴벌레 분류 시스템을 설계합니다. 이 분류 시스템은, 입력된 사슴벌레가 넓적 사슴벌레이면 1을 출력하고, 왕사슴 벌레이면 0을 출력합니다.

넓적 사슴벌레      왕 사슴벌레

사슴벌레는 다음의 3개의 원소(element)를 갖는 3차원 입력 벡터로 표현됩니다. 벡터의 원소의 개수를 벡터의 **차원(dimension)**이라고 합니다. 벡터의 각 원소는 현재의 물체가 특정한 성질을 갖고 있는지를 나타냅니다. 처음 원소는 뿔의 모양을 나타내며, 얇고 길죽한 뿔이면 1이고, 둥글고 가운데 돌출되었으면 0이 됩니다. 2번째 원소는 사슴벌레의 크기가 7cm 이상이면 1, 아니면 0입니다. 마지막 3번째 원소는 다리가 6개이면 1, 아니면 0입니다.

입력 벡터

| 속성 | 값 |
|---|---|
| 뿔의 모양 | 0 : 둥글고 돌출됨 |
| | 1 : 얇고 길죽함 |
| 크기 | 0 : 작다 |
| | 1 : 크다 |
| 다리 개수 | 0 : 6개가 아니다 |
| | 1 : 6개이다 |

## 훈련 데이터

학습 알고리즘을 수행하기 위해서는 우선 사람이 미리 분류한 데이터를 수집해야 한답니다. 이제 4개의 데이터를 다음과 같이 수집했어요. 이와 같이 신경망을 학습시키기 위해 수집한 데이터를 **훈련 데이터(training data)**라고 합니다. 훈련 데이터들을 모아둔 것을 **훈련 집합**이라고 합니다. 그런데 훈련 데이터를 보면 3차원 입력 벡터외에 **목표치**란 값이 추가되어 있군요. 목표치는 입력 벡터를 신경망에 연결했을 때, 출력으로 나오기를 원하는 값이죠.

목표치는 그 입력 벡터가 무슨 물체인지를 신경망에게 알려줍니다. 마치 아이에게 자동차 개념을 가르칠 때, 자동차를 보여주면서 "이 물체는 자동차

란다" 라고 말하는 것과 같습니다. 각 물체의 입력데이터에 대하여 목표치
를 부여하는 것을 **레이블링 (labeling)**한다라고 합니다. 이와같이 레이블링
된 훈련데이터를 사용하여 학습하는 방식을 **지도 학습(supervised learning)**
이라고 합니다.

다음 훈련집합표의 첫 번째 훈련데이터는 왕사슴벌레입니다. 이 데이터가
왕사슴벌레라는 것을 목표치 0이라고 알려줍니다. 두번째 데이터는 1이 레
이블링되어 있군요. 이 물체는 넓적사슴벌레라고 알려주는군요. 앞으로는
목표치를 t 기호로 나타내도록 해요. 즉, 첫 번째 훈련데이터는 t=0, 두 번째
훈련데이터는 t=1입니다.

$$목표치\,(t) = \begin{cases} 0 \ 왕사슴벌레 \\ 1 \ 넓적사슴벌레 \end{cases}$$

표에서는 입력 벡터를 가로방향으로 보였습니다. 즉 첫째 훈련데이터의 입
력 원소는 $x_1=0$, $x_2=0$, $x_3=1$입니다.

훈련집합 표

|  | 입력 벡터 | 목표치(t) |
|---|---|---|
| 1째 훈련 데이터 | [0   0   1] | 0 |
| 2째 훈련 데이터 | [1   1   1] | 1 |
| 3째 훈련 데이터 | [1   0   1] | 1 |
| 4째 훈련 데이터 | [0   1   1] | 0 |

## 사슴벌레 분류 신경망

이제 훈련 데이터를 수집하였으니 신경망구조를 설계하여야 하겠지요. 다양한 구조가 가능하나, 여기서는 은닉층이 없는 단층 신경망으로 설계해보지요. 노드는 한 개만 있어도 되는군요. 넓적 사슴벌레이면 1을 출력하고 왕사슴벌레이면 0을 출력해요. 노드의 활성화 함수는 계단 함수를 사용하도록 하지요. 따라서 임계치가 필요하군요. 노드는 입력 벡터로 연결하는 3개의 선이 필요하군요. 따라서 가중치도 3개가 필요하군요.

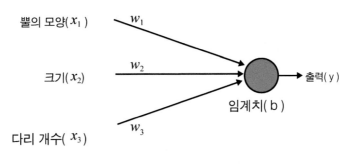

사슴벌레 분류 신경망

## 학습 알고리즘의 기호

신경망 구조가 결정된 후, 학습 알고리즘을 사용하여 가중치와 임계치를 구해 보도록 하지요. 인공지능 학습 알고리즘은 기호를 많이 사용한답니다. 지금부터 소개되는 기호들은 실제적인 예제를 사용하여 다시 설명되니 두려워하지 마세요. 우선, 이 알고리즘은 동일한 지령문을 계속 반복하여 실행하는 반복적인(iterative) 알고리즘입니다. 현재까지 몇 번 반복 하였는지를 나타내는 반복회수 기호인 n이 필요해요. 즉 5번 반복하였다면 n=5가 됩니다.

또 사슴벌레 분류기에서 가중치가 3개 있지요? 이 가중치들을 차례로 $w_1$, $w_2$, $w_3$라고 표기하지요. 이 때 $w$아래에 붙은 숫자를 **아래첨자**라고 해요. 또

한 입력 벡터의 i 번째 원소를 $x_i$로 표기합니다. 입력 벡터의 첫번째 원소는 i=1, 일 때이고, $x_1$으로 표기됩니다. 즉, 뿔의 모양 속성을 나타냅니다. 당연히 i=2 일 때는 $x_2$가 되며, 사슴벌레의 크기 속성을 나타내겠죠.

학습과정중에서 파라미터의 값들은 계속 바뀐답니다. n번 반복한 후에 $w_1$의 값을 $w_1(n)$이라고 표기해요. 즉, $w_1(5)$라고 하면 5회 반복한 다음의 $w_1$의 값이군요.

## 학습 알고리즘

학습 알고리즘은 다음과 같이 정리할 수 있어요. 이해하기 쉽도록 핵심적인 단계만 포함시켰답니다. 그러나, 실제 사용하는 알고리즘도 여기에 약간의 기능만 추가시키면 되지요. 소개되는 알고리즘은 뒷부분의 학습과정에서 실제 훈련데이터를 사용하여 다시 자세히 설명됩니다. 따라서 해보세요. 이 알고리즘은 한 개의 훈련데이터를 입력할 때마다, 파라미터의 현재값을 얼마나 수정할 까를 계산한 후 새로운 값으로 갱신합니다.

### 1단계 : 초기값 정하기

- 가중치와 임계치의 초기값을 아무 값이나 배정합니다. 보통 −1과 1사이의 값으로 두지요.

- 아직 한번도 반복하지 않았으니, 반복회수 n을 0으로 둡니다.

- 배정된 가중치의 초기값을 $w_i(0)$, i=1,2,3 로 표기합니다. 여기서 i=1,2,3 은 아래첨자 기호 i가 1,2,3의 값을 가질 수 있다는 뜻입니다. 즉 i=1 이면 첫째 연결선의 가중치 $w_1$ 을 나타냅니다.

- 임계치의 초기값을 b(0)로 표기합니다. 이제 신경망의 모든 파라메터가 값을 갖는군요.

- 첫째 훈련데이터의 입력 벡터를 신경망에 연결합니다.

## 2단계 : 출력 구하기

- 현재의 입력 벡터와 현재의 가중치 $w_1(n)$, $w_2(n)$, $w_3(n)$을 사용해서 가중치와 입력 원소의 곱의 합, 즉

$$순입력 = w_1 ( n ) \times x_1 + w_2 ( n ) \times x_2 + w_3(n) \times x_3$$

을 구합니다.

- 순입력을 임계치 b(n)과 비교합니다. 만약 이 값이 임계치보다 크면 출력을 1로 두고, 아니면 0으로 둡니다. 이 때의 출력을 y로 표기합니다.

## 3단계 : 오차 계산

- 학습과정중에는 신경망이 오답을 출력할 수도 있어요. 이때 현재 훈련데이터의 목표치와 2단계에서 계산된 출력의 차이를 **오차(error)**라고 합니다. 오차를 $e$, 목표치를 t라고 두면,

$$오차 = 목표치 - 출력,$$
$$e = t - y$$

가 되는군요.

그러면 오차는 어떤 값들을 가질 수 있을까요? -1,0,1 의 3가지 경우가 가능하지요? 예를 들어서 훈련데이터의 목표치가 왕 사슴벌레이고, 신경망이 넓적 사슴벌레라고 출력한다면 t=0, y=1입니다. 따라서 오차는 0-1로서 -1이 됩니다.

## 4단계 : 파라메터를 새로운 값으로 수정

### 1. 가중치 수정

우선 각 가중치마다 그 가중치의 수정량을 구합니다.

---

가중치의 수정량

= 학습률 x 오차 x 그 선에 연결된 입력 원소

---

여기서 **학습률(learning rate)**은 학습 속도를 조절하는 값입니다. 보통 0.05, 0.1, 0.2...등의 작은 값으로 둡니다. 학습률이 커질수록 수정량도 따라서 커지죠? 따라서 가중치와 임계치가 크게 변해서 학습속도가 빨라집니다. 그러나 너무 크면 알고리즘이 불안정해질 수 있어요.

만약 오차가 0 이면 수정량은 0 입니다. 즉 가중치는 오차가 있을 때만 수정된답니다.

이 수정량을 현재의 가중치와 더해서 새로운 가중치를 구합니다. 즉 ,

새로운 가중치 ← 현재 가중치 + 수정량

입니다 . 위의 식은 컴퓨터 지령문에서 자주 사용하는 형식입니다. ← 의 오른쪽 식을 계산하여 ← 의 왼쪽 기호의 값으로 저장한다는 뜻입니다.

다시 쓰면,

> 새로운 가중치
> ← 현재 가중치 +(학습률×오차×연결된 입력 원소)

입니다.

이제 기호를 써서 표현해 볼까요?

다음과 같이 i번째 연결선의 가중치를 현재값 $w_i(n)$으로부터 새로운 값 $w_i(n+1)$으로 수정합니다.

$$w_i(n+1) \leftarrow w_i(n) + a \times e \times x_i \ , \ i=1,2,3$$

위 식에서 $a \times e \times x_i$이 수정량이군요. 여기서 $a$는 학습률이고, $e$는 3단계에서 계산한 오차입니다. 또 i번째 연결선에 연결된 입력 원소 $x_i$를 곱한답니다. 위 식에서 i=3일 때 수식을 살펴볼까요? 식에서 모든 i 를 3으로 바꾸어 보세요.

$$w_3(n+1) \leftarrow w_3(n) + a \times e \times x_3$$

가 되는군요. 이 식은 3째 연결선의 가중치 $w_3$를 어떻게 수정할 것인가를 나타내지요. 즉 $w_3$의 현재값인 $w_3(n)$에 수정량인 $a \times e \times x_3$를 더하여 새로운 값 $w_3(n+1)$으로 바꾸어 준답니다. 이때 연결된 입력 원소인 $x_3$를 곱해서 수정량을 구하지요?

## 2. 임계치 수정

임계치의 현재값인 b(n) 으로부터 수정량 $-a \times e$를 더해서 새로운 임계치 b(n+1) 으로 수정합니다.

$$b(n+1) \leftarrow b(n) - a \times e$$

### 5단계 : 종료조건 체크

만약 훈련집합의 훈련 데이터를 모두 사용하였다면, 알고리즘을 종료합니다. 아니면, 다음 차례의 훈련 데이터를 신경망에 연결한 후 2단계로 갑니다. 반복회수는 1 증가되어야 하겠지요?

$$n \leftarrow n+1$$

## 학습과정

이제 앞의 훈련집합표에 있는 훈련 데이터들을 순서대로 사용하여 학습 알고리즘을 설명하지요. 이해하기 쉽게 학습률 $a$ 는 1로 두겠습니다.

1단계에서 세개의 가중치의 초기값을

$w_1(0)=0$, $w_2(0)=0$, $w_3(0)=0$ 로 합니다.

임계치의 초기값 b(0)을 0 으로 두지요. 물론 가중치와 임계치의 초기값을 다른 값으로 두어도 됩니다.

앞의 훈련집합 표에 있는 첫째 훈련 데이터의 입력 벡터를 연결합니다.

## 첫째 훈련 데이터 학습

2단계에서 노드에 가해지는 순입력을 구합니다. 첫째 훈련데이터의 입력벡터는 $x_1=0, x_2=0, x_3=1$ 입니다.

순입력 $= w_1(0) \times x_1 + w_2(0) \times x_2 + w_3(0) \times x_3 = 0 \times 0 + 0 \times 0 + 0 \times 1 = 0$입니다.

순입력이 임계치 $b(0)$ 값인 0보다 크지 않으므로 출력 $y = 0$ 입니다.

3단계에서 첫째 훈련 데이터의 목표치 $t = 0$ 이니까, 오차 $e = t - y = 0 - 0 = 0$이군요.

4단계에서 $n = 0$일 때, 가중치 $w_1$의 식을 $i = 1$로 두고 구합니다.

$w_1(1) \leftarrow w_1(0) + a \times e \times x_1$

오른쪽 식의 값을 구해보세요. $0 + 1 \times 0 \times 0 = 0$가 되나요? 가중치 $w_1$의 새로운 값인 $w_1(1)$은 0 이군요. 여기서 $a \times e \times x_1 = 0$가 $w_1$의 수정량입니다. 다른 가중치의 새로운 값을 같은 방법으로 구해보세요.

$w_2(1) = 0, w_3(1) = 0$입니다.

임계치의 새로운 값은 $b(1) = b(0) - a \times e = 0 - 1 \times 0 = 0$ 입니다.

1번째 훈련데이터를 가지고 학습이 끝났군요. 과정을 정리해볼까요?

|  | 초기값(n=0) | 수정량 | 학습후 값(n=1) |
|---|---|---|---|
| $w_1$ | 0 | 0 | 0 |
| $w_2$ | 0 | 0 | 0 |
| $w_3$ | 0 | 0 | 0 |
| b | 0 | 0 | 0 |

5단계에서 두 번째 훈련 데이터를 신경망에 연결하고 2단계로 되돌아갑니다. $n$ 값은 1 만큼 증가되어 1이 되는군요. 즉 $n=1$ 입니다.

## 둘째 훈련 데이터 학습

2단계에서 두번째 훈련 데이터의 입력 벡터로 부터 순입력을 구합니다. $n=1$ 임을 기억하세요. 즉 모든 $n$은 1로 바뀌어 진답니다. 둘째 훈련데이터의 입력벡터는 $x_1=1, x_2=1, x_3=1$입니다.

$$순입력 = w_1(1) \times x_1 + w_2(1) \times x_2 + w_3(1) \times x_3$$
$$= 0 \times 1 + 0 \times 1 \times 0 \times 1 = 0 \text{ 입니다.}$$

순입력이 임계치 $b(1)$(값은 0 임)보다 크지 않음으로 출력 $y$는 0 이지요. 두 번째 훈련 데이터의 목표치 $t=1$ 이니까, 오차 $e=t-y=1-0=1$ 이군요. 4단계에서 가중치 $w_1$의 새로운 값은 (식의 $n$ 대신 1을 , $i$ 대신에 1을 사용하세요), $w_1(2) \leftarrow w_1(1) + a \times e \times x_1$입니다. 여기서 화살표 오른쪽의 식을 계산하면,

$$w_1(1) + a \times e \times x_1 = 0 + 1 \times 1 \times 1 = 1$$

입니다. 이값이 화살표 왼쪽의 기호 $w_1(2)$의 값이 됩니다. 즉, $w_1$은 0에서 1로 바뀌었군요. 수정량은 $1 \times 1 \times 1 = 1$이군요.

같은 방법으로 계산하면 $w_1(2)=1, w_3(2)=1$이 됩니다. 임계치의 새로운 값은

$$b(2) \leftarrow b(1) - 1 \times 1 = -1$$이군요.

두 번째 훈련데이터로 학습이 끝났군요. 지금까지 결과를 정리해 볼까요?

|  | 이전 값(n=1) | 수정량 | 학습후 값(n=2) |
|---|---|---|---|
| $w_1$ | 0 | 1 | 1 |
| $w_2$ | 0 | 1 | 1 |
| $w_3$ | 0 | 1 | 1 |
| b | 0 | -1 | -1 |

반복회수 $n=2$ 이 되고, 3 번째 훈련 데이터를 신경망에 입력하고 2단계로 되돌아갑니다.

### 셋째 훈련데이터 학습

순입력$=1\times1+1\times0+1\times1=2$ 입니다. 이 값이 현재의 임계치 $b(2)$(값은 $-1$ 임)보다 크지요. 따라서 출력 $y$는 1입니다. 오차는 $1-1=0$ 입니다. 오차가 0 이니, 파라메터의 값은 변화가 없겠군요. 가중치 $w_1$의 새로운 값은 $w_1(3) \leftarrow w_1(2) +1\times0\times1=1$입니다. 같은 방법으로 계산하면 $w_2(3)=1$, $w_3(3)=1$입니다. 임계치의 새로운 값은 $b(3) \leftarrow b(2)-1\times0=-1$입니다. 또 다시 학습결과를 정리해볼까요?

|  | 이전 값(n=2) | 수정량 | 학습후 값(n=3) |
|---|---|---|---|
| $w_1$ | 1 | 0 | 1 |
| $w_2$ | 1 | 0 | 1 |
| $w_3$ | 1 | 0 | 1 |
| b | -1 | 0 | -1 |

반복회수 $n$을 3으로 두고, 네 번째 훈련 데이터를 선택합니다.

## 넷째 훈련 데이터 학습

입력 데이터를 연결하여 순입력을 구합니다. 순입력$=1\times0+1\times1+1\times1=2$
입니다. 순입력이 임계치 -1보다 크니까 $y=1$입니다. 오차 $e$ 는 0-1 = -1입
니다.

이제 가중치 $w_1$ 의 새로운 값은

$$w_1(4) \leftarrow w_1(3) + 1\times(-1)\times0 = w_1(3) = 1$$

이지요. 가중치 $w_2$ 의 새로운 값은

$$w_2(4) \leftarrow w_2(3) + 1\times(-1)\times1 = 1\text{-}1 = 0$$

입니다. 가중치 $w_3$ 의 새로운 값은

$$w_3(4) \leftarrow w_3(3) + 1\times(-1)\times1 = 1\text{-}1 = 0$$

입니다. 임계치의 새로운 값은

$$b(4) \leftarrow b(3) - 1\times(-1) = \text{-}1 + 1 = 0$$

가 되는군요. 이제 4번째 훈련데이터로 학습한 결과를 정리합니다.

|       | 이전 값(n=3) | 수정량 | 학습후 값(n=4) |
|-------|-------------|--------|----------------|
| $w_1$ | 1           | 0      | 1              |
| $w_2$ | 1           | -1     | 0              |
| $w_3$ | 1           | -1     | 0              |
| b     | -1          | 1      | 0              |

이제 모든 훈련데이터에 대한 학습이 종료되었습니다. 학습된 마지막 가중
치는 $w_1(4)=1$, $w_2(4)=0$, $w_3(4)=0$입니다. 또 학습된 마지막 임계치는

$b(4) = 0$ 입니다.

후유! 지금까지 따라오느라고 고생했어요.

## 검증

이제 학습이 종료되었으니, 실제로 신경망이 잘 동작하는지 확인해 보아야 하겠지요?

학습되고 난 후의 가중치와 임계치를 갖는 신경망에 위의 훈련 데이터들을 다시 차례로 입력해보세요. 1째 훈련데이터를 입력해볼까요?

입력벡터는 $x_1 = 0, x_2 = 0, x_3 = 1$입니다.

순입력은

$$w_1(4) \times x_1 + w_2(4) \times x_2 + w_3(4) \times x_3 = 1 \times 0 + 0 \times 0 + 0 \times 1 = 0$$

입니다.

순입력이 $b(4)$ [0 이지요]보다 크지 않으니, 출력 $y$ 는 0 입니다. 1째 훈련데이터의 목표치 $t$ 가 0 이군요. 따라서 오차는 $t-y = 0-0 = 0$ 입니다. 즉 오차가 없군요.

나머지 훈련데이터에 대해서도 출력을 구해보세요. 모든 훈련 데이터를 오차없이 완벽하게 분류하는 것을 확인할 수 있어요. 확인했다고요? 그렇다면 학습 알고리즘을 모두 이해했군요. 대단합니다. 축하해요!

오차가 0일때는 가중치와 임계치는 변화가 없다는 점을 기억하세요.

## 에폭

위와 같이 처음 훈련데이터부터 마지막 훈련데이터까지 학습하는 것을 1 에폭(epoch)을 학습하였다고 한답니다. 즉 전체 훈련 데이터 집합을 학습 알고리즘에서 한 번만 사용하는 것이죠. 사슴벌레 분류 문제는 1 에폭을 학습한 후에는 오차없이 모든 훈련 데이터를 분류할 수 있었죠?

그러나 얼굴인식, 음성인식과 같은 대부분의 실제적인 인공지능시스템에서는 많은 에폭을 학습하여 최종적인 파라메터 값을 구한답니다. 즉 훈련 데이터 집합을 학습 알고리즘에서 한번 사용하여 파라메터의 값을 구합니다. 이렇게 구해진 파라메터의 값, 즉 가중치와 임계치를 그대로 두고, 훈련 데이터 집합을 다시 학습알고리즘에 적용하여 새로운 파라메터 값을 구합니다. 이렇게 구해진 파라메터 값들을 그대로 두고, 훈련 집합으로 다시 학습합니다. 이와 같이 1 에폭의 학습에서 구해진 파라메터값을 그대로 사용하여, 다음 에폭의 학습이 진행된답니다.

## 상품 추천

A 보험회사에서는 운전자 보험상품을 고객에게 추천하고 있어요. 우선 고객의 유형을 2 종류로 분류합니다. 고객의 유형에 따라 추천하는 상품이 달라지는군요. 고객이 과거 차량사고가 몇 회 있었는지, 또 운전경력이 몇년인지를 보고서 유형을 분류합니다.

이제 이 분류 시스템을 자동화하기 위해 분류기를 개발하고자 합니다. 기계학습 알고리즘을 적용하기 위해 우선 다음의 훈련데이터들을 수집했어요. 각각의 훈련데이터는 유형을 이미 알고 있는 고객 한명의 데이터입니다. 목표치는 이 고객들의 유형을 나타내고 있으며, 1과 0 의 값을 갖는답니다.

|  | 과거 차량사고 횟수 | 운전 경력(년) | 목표치(t) |
|---|---|---|---|
| 1째 훈련데이터 | 3 | 2 | 0 |
| 2째 훈련데이터 | 2 | 1 | 0 |
| 3째 훈련데이터 | 1 | 2 | 1 |
| 4째 훈련데이터 | 3 | 4 | 1 |

## ■ 고객 유형 분류 신경망 설계

고객의 데이터는 2개의 속성이 있군요. 과거 차량사고 횟수를 $x_1$ 속성으로 두고, 운전경력을 $x_2$ 속성으로 둡니다. 목표치는 $t$ 로 표시하지요. 유형을 출력하는 계산 노드가 1개 있으면 되겠군요. 이제 신경망의 구조를 다음과 같이 설계합니다. 속성 $x_1$에 연결되는 선의 가중치는 $w_1$으로 나타내고, 속성 $x_2$에 연결되는 선의 가중치는 $w_2$로 표시합니다. 임계치는 $b$ 로 나타내지요.

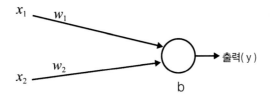

## ■ 학습 과정

이제 학습 알고리즘을 적용해서 가중치와 임계치를 구해보도록 하지요.

1단계에서 파라메터의 초기값을 설정했지요? 초기값을

$w_1(0) = 0, w_2(0) = 1, b(0) = 1.5$ 로 두어 보지요.

이번에는 학습률 $a$를 0.1로 두겠습니다.

이제 $n = 0$으로 두고 첫째 훈련데이터를 학습해 봅니다.

## 1째 훈련 데이터 학습

2단계에서 순입력을 구해봅니다. 1째 훈련데이터의 입력 벡터는 $x_1 = 3$, $x_2 = 2$ 입니다. 따라서 순입력은

$$w_1(0) \times x_1 + w_2(0) \times x_2 = 0 \times 3 + 1 \times 2 = 2$$

입니다. 순입력이 현재의 임계치 $b(0)$ (즉, 1.5)보다 크니까 출력 $y = 1$ 이 되는군요.

3단계에서 이 훈련데이터의 목표치 $t$ 가 0 이니까, 오차 $e$는

$$e = t - y = 0 - 1 = -1 \text{ 입니다.}$$

4단계에서 가중치와 임계치의 새로운 값을 구합니다.

$$w_1(1) \leftarrow w_1(0) + a \times e \times x_1 = 0 + 0.1 \times (-1) \times 3 = -0.3$$
$$w_2(1) \leftarrow w_2(0) + a \times e \times x_2 = 1 + 0.1 \times (-1) \times 2 = 1 - 0.2 = 0.8$$
$$b(1) \leftarrow b(0) - a \times e = 1.5 - 0.1 \times (-1) = 1.5 + 0.1 = 1.6$$

이제 1째 훈련데이터로 학습한 결과를 정리해 보면 다음 표와 같네요.

|  | 이전 값(n=0) | 수정량 | 학습후 값(n=1) |
|---|---|---|---|
| $w_1$ | 0 | -0.3 | -0.3 |
| $w_2$ | 1 | -0.2 | 0.8 |
| b | 1.5 | 0.1 | 1.6 |

5 단계에서 $n$ 값을 1 증가하여 1 로 두고, 2째 훈련데이터를 신경망에 연결하고 2 단계로 되돌아 갑니다.

## 2째 훈련 데이터 학습

2단계에서 순입력을 구해봅니다. 2째 훈련데이터의 입력 벡터는 $x_1=2, x_2=1$ 입니다. 따라서 순입력은

$$w_1(1) \times x_1 + w_2(1) \times x_2 = -0.3 \times 2 + 0.8 \times 1 = 0.2$$

입니다. 순입력이 현재의 임계치 $b(1)$ 보다 작으니까 출력 $y$는 $0$ 이 되는군요.

3단계에서 이 훈련데이터의 목표치 $t$ 가 0 이니까, 오차 $e$는

$$e = t - y = 0 - 0 = 0$$ 입니다.

4단계에서 가중치와 임계치의 새로운 값을 구합니다.

$$w_1(2) \leftarrow w_1(1) + a \times e \times x_1 = -0.3 + 0.1 \times 0 \times 2 = -0.3$$
$$w_2(2) \leftarrow w_2(1) + a \times e \times x_2 = 0.8 + 0.1 \times 0 \times 1 = 0.8$$
$$b(2) \leftarrow b(1) - a \times e = 1.6 - 0.1 \times 0 = 1.6 + 0 = 1.6$$

예상대로 오차가 0 이니, 파라메터의 값은 변화가 없습니다. 이제 2째 훈련 데이터로 학습한 결과를 정리해 보면 다음 표와 같네요.

| | 이전 값(n=1) | 수정량 | 학습후 값(n=2) |
|---|---|---|---|
| $w_1$ | -0.3 | 0 | -0.3 |
| $w_2$ | 0.8 | 0 | 0.8 |
| b | 1.6 | 0 | 1.6 |

5 단계에서 $n$ 값을 1 증가하여 2 로 두고, 3째 훈련데이터를 신경망에 연결하고 2 단계로 되돌아 갑니다.

### 3째 훈련 데이터 학습

2단계에서 순입력을 구해봅니다. 3째 훈련데이터의 입력 벡터는 $x_1 = 1, x_2 = 2$ 입니다. 따라서 순입력은

$$w_1(2) \times x_1 + w_2(2) \times x_2 = -0.3 \times 1 + 0.8 \times 2 = 1.3$$

입니다. 순입력이 현재의 임계치 $b(2)$ (즉, 1.6)보다 작으니까 출력 $y$는 0 이 되는군요.

3단계에서 3째 훈련데이터의 목표치 $t$ 가 1 이니까, 오차 $e$는

$$e = t-y = 1-0 = 1 \text{ 입니다.}$$

4단계에서 가중치와 임계치의 새로운 값을 구합니다.

$$w_1(3) \leftarrow w_1(2) + a \times e \times x_1 = -0.3 + 0.1 \times 1 \times 1 = -0.2$$
$$w_2(3) \leftarrow w_2(2) + a \times e \times x_2 = 0.8 + 0.1 \times 1 \times 2 = 1$$
$$b(3) \leftarrow b(2) - a \times e = 1.6 - 0.1 \times 1 = 1.6 - 0.1 = 1.5$$

이제 3째 훈련데이터로 학습한 결과를 정리해 보면 다음 표와 같네요.

|       | 이전 값(n=2) | 수정량 | 학습후 값(n=3) |
|-------|-----------|------|------------|
| $w_1$ | -0.3      | 0.1  | -0.2       |
| $w_2$ | 0.8       | 0.2  | 1          |
| b     | 1.6       | -0.1 | 1.5        |

5 단계에서 $n$ 값을 1 증가하여 3 으로 두고, 4째 훈련데이터를 신경망에 연결하고 2 단계로 되돌아 갑니다.

## 4째 훈련 데이터 학습

2단계에서 순입력을 구해봅니다. 4째 훈련데이터의 입력 벡터는 $x_1 = 3$, $x_2 = 4$ 입니다. 따라서 순입력은

$$w_1 (3) \times x_1 + w_2 (3) \times x_2 = -0.2 \times 3 + 1 \times 4 = 3.4$$

입니다. 순입력이 현재의 임계치 $b(3)$ (즉, 1.5)보다 크니까 출력 $y$는 1 이 되는군요.

3단계에서 4째 훈련데이터의 목표치 $t$ 가 1 이니까, 오차 $e$는

$$e = t - y = 1 - 1 = 0 \text{ 입니다.}$$

4단계에서 가중치와 임계치의 새로운 값을 구합니다.

$$w_1 (4) \leftarrow w_1 (3) + a \times e \times x_1 = -0.2 + 0.1 \times 0 \times 3 = -0.2$$
$$w_2 (4) \leftarrow w_2 (3) + a \times e \times x_2 = 1 + 0.1 \times 0 \times 4 = 1$$
$$b(4) \leftarrow b(3) - a \times e = 1.5 - 0.1 \times 0 = 1.5 - 0 = 1.5$$

파라메터의 값은 변화가 없지요? 이제 4째 훈련데이터로 학습한 결과를 정리해 보면 다음 표와 같네요.

|  | 이전 값(n=3) | 수정량 | 학습후 값(n=4) |
|---|---|---|---|
| $w_1$ | -0.2 | 0 | -0.2 |
| $w_2$ | 1 | 0 | 1 |
| b | 1.5 | 0 | 1.5 |

## 검증

이제 1 에폭의 학습이 완료되었습니다. 과연 학습된 결과 신경망이 제대로 분류하는지를 검증해 보겠습니다.

학습 후의 최종 파라메터는 $w_1(4) = -0.2$, $w_2(4) = 1$, $b(4) = 1.5$ 임을 기억하세요.

1째 훈련데이터를 다시 입력해봅니다. 입력벡터는 $x_1 = 3$, $x_2 = 2$이군요.

순입력은 $w_1(4) \times x_1 + w_2(4) \times x_2 = -0.2 \times 3 + 1 \times 2 = 1.4$입니다. 순입력이 $b(4)$ (1.5 임) 보다 작으니 출력 $y$는 0 입니다. 출력이 1째 훈련데이터의 목표치와 같으니 오차는 0 입니다. 제대로 분류하고 있습니다.

2째 훈련데이터를 다시 입력해봅니다. 입력벡터는 $x_1 = 2$, $x_2 = 1$이군요.

순입력은 $w_1(4) \times x_1 + w_2(4) \times x_2 = -0.2 \times 2 + 1 \times 1 = 0.6$입니다. 순입력이 $b(4)$ (1.5 임) 보다 작으니 출력 $y$는 0 입니다. 출력이 2째 훈련데이터의 목표치와 같으니 오차는 0 입니다. 제대로 분류하고 있습니다.

3째 훈련데이터를 다시 입력해봅니다. 입력벡터는 $x_1 = 1$, $x_2 = 2$ 이군요.

순입력은 $w_1(4) \times x_1 + w_2(4) \times x_2 = -0.2 \times 1 + 1 \times 2 = 1.8$입니다. 순입력이 $b(4)$ (1.5 임) 보다 크니 출력 $y$는 1 입니다. 출력이 3째 훈련데이터의 목표치 1과 같으니 오차는 0 입니다. 제대로 분류하고 있습니다.

마지막으로 4째 훈련데이터를 다시 입력해봅니다. 입력벡터는 $x_1 = 3$, $x_2 = 4$ 이군요.

순입력은 $w_1(4) \times x_1 + w_2(4) \times x_2 = -0.2 \times 3 + 1 \times 4 = 3.4$입니다. 순입력이 $b(4)$ (1.5 임) 보다 크니 출력 $y$는 1 입니다. 출력이 4째 훈련데이터의 목표치 1과 같으니 오차는 0 입니다. 제대로 분류하고 있습니다.

모든 훈련데이터를 완벽하게 오차 없이 분류하고 있군요. 더 이상 학습할 필요가 없겠습니다. 학습끝!

## 제곱 오차(뛰어 넘어도 좋아요)

앞의 학습알고리즘에서 가중치와 임계치가 하나의 훈련데이터가 입력될 때마다 수정되었지요? 이 수정 공식은 어떻게 구해졌을까요? 바로 경사 하강 알고리즘을 사용했답니다. 그러면 산의 높이는 무엇인가요? 또 한걸음 이동은 어떻게 하나요?

학습 알고리즘에서 한개의 훈련 데이터마다 오차를 구했죠? 이 오차를 2번 곱한답니다. 이렇게 곱한 값을 제곱 오차(squared error)라고 하지요. 즉,

$$제곱\ 오차 = 오차 \times 오차$$

입니다. 제곱 오차는 어떤 값이 될까요? 오차가 1, 0, 혹은 -1 이니, 제곱 오차는 1 아니면 0입니다. 만약 오차가 -1이면 제곱 오차는 (-1)×(-1)=1이군요.

이제 모든 훈련 데이터의 제곱 오차를 더합니다. 이 더한 값을 **제곱 오차의 합(Sum of Squared Error)**이라고 해요. 머리글을 따서 SSE라고도 부릅니다. 바로 이 SSE를 그림에서 산의 높이로 생각합니다.

그림에서 현재 지점을 A 라고 하지요. 이 때 수평방향의 위치가 한 개의 파라메터의 값을 나타낸답니다. 그림에서 $w_i(n)$은 $n$번 반복 후의 가중치 $w_i$의 값이라고 했지요? $w_i(n)$ 값을 사용했을 때의 제곱 오차의 합이, 이 지점에서 산의 높이 SSE1 이 됩니다. 이 지점에서 산의 높이가 낮아지는 방향으로 이동한다고 했지요? 오른 쪽으로 이동해야 하겠군요. 오른 쪽으로 얼마만큼 이동할까요? 이것을 계산한 것이 학습 알고리즘의 4단계에서 구한 수정량

이랍니다. 이 수정량을 현재 값 $w_i(n)$에 더하면 새로운 값 $w_i(n+1)$이 됩니다. 이러한 파라메터의 갱신 과정이 학습 알고리즘의 4단계입니다.

신경망이 새로운 파라메터 값 $w_i(n+1)$을 사용하면, 산의 B 지점으로 이동하게 되고, 제곱 오차의 합이 SSE2로 줄어들겠군요. 즉 산의 높이가 낮아지네요. 이와 같이 매 훈련 데이터마다 $w_i$의 값을 조금씩 오른 쪽의 값으로 바꾸어 줍니다. 이 과정을 반복하면, $w_i$는 제곱 오차의 합이 최소가 되는 $w_o$ 값으로 변경되겠군요. 바로 산의 높이가 가장 낮은 마을에 도착하겠군요.

이 제곱 오차의 합이 최소인 점을 **최적점(optimum point)**이라고 한답니다. 결론적으로 학습의 목표는 이 최적점에 도달하기 위해 파라메터의 값을 반복적으로 수정하는 것입니다.

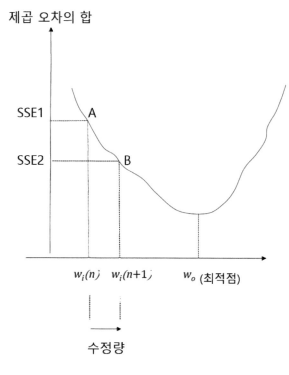

경사 하강과 파라메터의 수정

참! 테일러는 어떻게 되었냐고요? 다행히 산을 헤매던 중에 멧돼지 사냥꾼을 만나서 무사히 마을로 내려왔답니다.

## 코딩

1. 입력노드가 2개이고 출력노드가 1개인 신경망의 학습 프로그램을 작성하세요. 가중치와 임계치의 수정 알고리즘이 코딩되어야 합니다. 프로그램은 각 훈련데이터를 학습한 후 수정된 새로운 가중치와 임계치를 출력하여야 합니다.

2. 운전자 보험 문제의 고객 유형분류 신경망에서 사용한 가중치와 임계치의 초기값을 작성된 신경망 프로그램에서 초기값으로 사용합니다. 프로그램에 고객유형 분류문제의 훈련데이터를 차례로 입력하고, 각 훈련데이터를 학습한 후에 출력되는 가중치와 임계치가 맞는지 확인해보세요.

## 저자소개

### 김문현

· 1988 ~ 현재 성균관대학교 소프트웨어대학 교수, 인공지능대학원 교수
· 2012-2019 성균관대학교 정보통신대학원 원장
· 2020-2022 정보통신산업진흥원 산업융합형 AI 연구개발 기획위원회 위원장
· 1998 Princeton University 신경망연구실 방문연구교수
· 1995 IBM Almaden 연구소 방문연구원
· 1988 University of Southern California 컴퓨터공학박사
· 1980 KAIST 전기 및 전자공학석사
· 1978 서울대학교 전자공학 학사

### [저서]

· 인공지능의 기초 1993 연학사
· 인공지능 2001 생능출판사

## 재미있게 풀어보는 인공지능

1판 1쇄 인쇄  2021년 01월 15일
1판 1쇄 발행  2021년 01월 20일
저     자  김문현
발 행 인  이범만
발 행 처  **21세기사** (제406-00015호)
경기도 파주시 산남로 72-16 (10882)
Tel. 031-942-7861    Fax. 031-942-7864
E-mail : 21cbook@naver.com
Home-page : www.21cbook.co.kr
ISBN 978-89-8468-904-6

**정가 19,000원**